# 高职院校服装设计专业的
# 改革与实践

李德义　郭连霞／著

GAOZHI YUANXIAO
FUZHUANG SHEJI ZHUANYE DE GAIGE YU SHIJIAN

中国纺织出版社

# 内 容 提 要

本书为山东省名校工程服装设计专业重点建设项目的改革建设主要研究成果。全书共分八个部分：专业改革建设背景、行业人才需求分析、人才培养模式改革、专业课程体系构建、专业核心课的课程标准、职业素养培养模式、专业教师业务基本功、专业改革建设成果与展望。

本书适合作为高等职业教育专业改革实践的指导用书，对广大职业院校进行专业建设与改革实践具有较高的参考与借鉴价值。

## 图书在版编目（CIP）数据

高职院校服装设计专业的改革与实践／李德义，郭连霞著. —北京：中国纺织出版社，2018. 12
  ISBN 978-7-5180-5466-4

Ⅰ. ①高… Ⅱ. ①李… ②郭… Ⅲ. ①高等职业教育–服装设计–教学改革–研究 Ⅳ. ①TS941. 2-42

中国版本图书馆 CIP 数据核字（2018）第 229980 号

策划编辑：孔会云　　责任编辑：李泽华　　责任校对：王花妮
责任印制：何　建

中国纺织出版社出版发行
地址：北京市朝阳区百子湾东里 A407 号楼　邮政编码：100124
销售电话：010—67004422　传真：010—87155801
http://www.c-textilep.com
E-mail：faxing@ c-textilep.com
中国纺织出版社天猫旗舰店
官方微博 http://weibo.com/2119887771
天津千鹤文化传播有限公司　各地新华书店经销
2018 年 12 月第 1 版第 1 次印刷
开本：710×1000　1/16　印张：6.25
字数：105 千字　定价：88.00 元

# 前　言

　　中国特色社会主义进入了新时代，我国职业教育也步入了一个全新的发展时期。近年来，我国高职教育领域建设特色高水平院校和专业成为众望所归的大事。专业是高等职业院校的品牌和灵魂，专业建设是高等职业院校教学内涵建设的核心，以专业建设为龙头是高等职业教育的基本特征。

　　如何把握高等职业教育的基本规律，深入了解行业企业需求和学生成长需求，按照职场化育人要求，紧扣深化产教融合发展主线，以高规格、高质量和高水平人才培养为导向，融合产学研合作机制，创新构建与社会发展需求适配度高的人才培养模式，建设高水平专业已经成为每一位职业教育工作者必须认真思考和不懈研究并实践的永恒课题。

　　高水平专业建设的最终目标是培养一流的人才，这就需要深化产教融合，打通教育链、人才链、产业链与创新链，构建政府、企业、学校、社会组织四位一体的协同体系，依托专业建设平台整合升级课程、教学方法等资源，最终使学校的人才培养供给侧与企业社会的需求侧在结构、质量和水平上能完全适应。

　　山东省作为我国主要的纺织大省和重要的服装大省，近年来，在中央和山东省委、省政府的坚强领导下，树立"新发展"理念，以推进供给侧结构性改革为主线，把加快新旧动能转换作为统领行业发展的重大工程，在巩固提高山东省传统优势的同时，建设现代化的纺织服装产业体系，决胜纺织服装强省建设。

　　济南工程职业技术学院的服装设计专业始建于1993年，迄今已有25年历史，是山东省开设历史最早的院校之一，在业内具有较高的专业知名度和社会美誉度，2012 年 11 月被确定为山东省名校工程重点建设发展专业之一。

作为服务山东省区域经济发展的高职院校，多年以来，济南工程职业技术学院始终坚持遵循"立足行业，服务全省，校企联动，特色发展"的办学定位，坚持走"强特色、重内涵、上水平"的发展道路，秉承"与巨人为伍，以品牌为伴"的校企合作理念，大力实施"名校加名企育人才"的人才培养战略，努力解答好"培养什么样的人才"和"怎样培养人才"两个基本问题，逐渐形成"依托企业，紧跟行业企业技术进步；服务企业，培养高素质技术技能型人才；服务学生，提高职场核心竞争力"的专业建设思路，创新实践"双主体、四递进、六对接"的人才培养模式，人才培养质量显著提高。

希望通过本书的出版，将专业建设改革成果和在服装专业改革建设方面十余年来的相关研究和实践，与国内从事此领域工作的专业人士以及对该领域感兴趣的读者交流与分享，从而为高等职业院校服装专业教育的改革与发展贡献绵薄之力。

本书在撰写过程中，参考引用了一些专家的有关著述和研究成果，他们的观点使我们很受启发，在此表示衷心的感谢！对中国纺织出版社的孔会云老师在策划编辑过程中付出的艰辛表示感谢！对服装设计专业项目建设团队每一位成员的辛勤付出表示深深的谢意！

高职院校服装设计专业的改革与实践是涉及方方面面的大课题，对它的研究需要长期的积累与实践，由于受专业视野和思维方式限制，以及对于高等职业教育规律的理解不够深入，对于一些问题的探讨和表述难免挂一漏万或者有所偏颇，在此恳请相关专家、读者不吝赐教，真诚提出宝贵意见和建议。

李德义

2018 年 8 月于济南

# 目　　录

# 第一章  专业改革建设背景

## 一、产业发展背景

山东省作为全国主要的纺织大省和重要的服装大省，纺织服装行业是山东省工业经济稳定发展的重要支撑力量之一。截至 2016 年全省规模以上服装企业有 1309 家，实现主营业务收入 1.3 万亿元，位居全国同行业第二位。

山东省拥有棉纺织、印染、毛纺织、麻纺织和家用纺织制成品、针织品、服装、化学纤维、纺织机械等子行业在内的门类齐全、产业链完整的纺织服装工业体系。拥有中国驰名商标 38 个、山东省著名商标 178 个；拥有省级以上企业技术中心 88 个，其中国家级企业技术中心 14 个；拥有一批标杆企业，在 2012~2013 年度中国纺织服装企业竞争力 500 强企业中，山东有 69 户，排名前 5 位中山东省占 3 席。

纺织服装行业是山东省六大万亿级重点支柱产业之一，也是全省工业加快创新发展、转型升级、提质增效，努力迈向产业中高端的主战场之一。作为当前乃至今后一段时期内山东省 22 个转型升级的重点行业之一，发展过程中存在的问题主要涉及产业结构、装备技术、品牌建设、协同创新、市场营销等因素。

### （一）品牌建设和时尚创意设计能力不足

山东省纺织服装产品销售以贴牌加工为主，服装行业产业层次较低，处于产业链和价值链的低端；具有较强竞争力的知名品牌数量少、服装设计能力较弱、品牌影响力较小，山东省服装类的知名名牌远少于浙江、江苏、广东等先进省市。

2015 年胡润品牌榜中，服装家纺行业有 9 个品牌入选，其中，福建有 3 个品牌上榜、上海和浙江各有 2 个，北京、江苏各有 1 个，山东省无一品牌上榜。服装、家纺时尚创意产业设计能力不足，公共服务平台不健全。女装、童装、外衣化针织服装相对薄弱。

## （二）服装专业化商贸市场发展缓慢

与珠三角和长三角的先进省市相比，山东省纺织服装市场功能不全、档次低。有些市场比如济南泺口、淄川、临沂等综合性服装市场，虽然起步很早，但发展不快，辐射带动作用不强。另外，山东省内专业市场多为中转型二三级批发市场，知名度不高，无法与粤、浙、苏等大型批发市场相比。

## （三）缺乏高素质的服装设计、技术管理人才

随着山东省服装产业结构优化升级，在企业由"贴牌加工"到"自主品牌"发展过程中，服装企业急需一批优秀的设计师、工艺师、打板师、管理者以及从事服装研究开发的高级专业人才。否则，将极大地制约山东省服装企业发展和产品档次提升。服装企业的发展越来越需要高技能人才与高素质劳动者，这已经成为众多服装企业管理者的共识。

近年来，在中央和山东省委、省政府的坚强领导下，全行业牢固树立"创新、协调、绿色、开放、共享"五大发展理念，坚持世界眼光、国际标准和山东优势，践行科技化、时尚化和绿色化发展定位，以提高发展质量和效益为中心，以推进供给侧结构性改革为主线，以提高质量、效率和效益为目的，把加快新旧动能转换作为统领行业发展的重大工程，紧紧抓住城镇化进程和国家"丝绸之路经济带建设"倡议契机，不断拉长产业链和价值链，聚焦品牌高端化，大力推进品牌建设提升，把更多精力放在创意、设计、品牌、营销、人才等短板上。在巩固提高山东传统优势的同时，努力打造质量效益好、创新能力强、产业结构优、融合程度深、品牌价值高、发展后劲足、安全环保节能的山东新纺织服装，建设现代化的纺织服装产业体系，推动行业向产业链微笑曲线高端迈进，决胜纺织服装强省建设。

## 二、职业教育政策要求

教育部 2006 年出台的《关于全面提高高等职业教育教学质量的若干意见》16 号文明确指出："探索工学交替、任务驱动、项目导向、顶岗实习等有利于增强学生能力的教学模式""大力推行工学结合，突出实践能力培养，改革人才培养模式""要高度重视学生的职业道德教育和法制教育，重视培养学生的诚信品质、敬业精神和责任意识、遵纪守法意识，培养出一批高素质的技

能型人才"。

《教育部关于推进高等职业教育改革创新引领职业教育科学发展的若干意见》（教职成〔2011〕12 号）明确指出："高等职业教育必须准确把握定位和发展方向，自觉承担起服务经济发展方式转变和现代产业体系建设的时代责任，主动适应区域经济社会发展需要，培养数量充足、结构合理的高端技能型专门人才，在促进就业、改善民生方面以及在全面建设小康社会的历史进程中发挥不可替代的作用"。

党的十九大做出了中国特色社会主义进入新时代的科学论断，明确提出要建设知识型、技能型、创新型劳动者大军，弘扬劳模精神和工匠精神，营造劳动光荣的社会风尚和精益求精的敬业风气。

实现中华民族伟大复兴的中国梦，关键在于人才的培养。这就对我国人力资源的结构和素质提出了新的更高的要求，国民经济各行各业不但需要一大批科学家、工程师和经营管理人才，也需要数以千万计的高技能人才和数以亿计的高素质劳动者，从而把先进的科学技术和机器设备转化为现实的生产力。

从我国目前制造业的从业人员的总体状况来看，生产一线的劳动者技术素质偏低以及高技能人才匮乏是制约我国制造业发展的两个十分突出的问题。"学用结合、知行合一"是职业教育培训的根本宗旨。这为高职院校深化产学研融合发展，改变"重技能、轻素质"问题，提升专业建设内涵和人才教育质量指明方向。

山东省服装产业要实现结构优化升级，构建以高新技术产业为先导，特色产业优势突出，科技含量高、经济效益好、人力资源得到充分发挥、市场竞争力和可持续发展能力强的现代服装工业体系。作为培养生产、建设、服务和管理一线的应用型高素质专业人才的高职院校更是义不容辞，责无旁贷。

## 三、专业改革建设需要

高职人才培养模式改革和创新是高职教育发展的一个重点。在人才培养模式的构建上，教育部《2003～2007 年教育振兴行动计划》明确提出，高职教育要以就业为导向，以促进就业为目标，实行多样、灵活、开放的人才培养模式，把教育教学与生产实践、社会服务、技术推广结合起来，加强实践教学和就业能力的培养。加强与行业、企业、科研和技术推广单位的合作，推广订单式、模块式培养模式；探索针对岗位群需要的、以能力为本位的教学模式；面向市场，不断开发新专业，改革课程设置，调整教学内容。

《教育部关于推进高等职业教育改革创新引领职业教育科学发展的若干意见》（教职成〔2011〕12 号）明确指出："以区域产业发展对人才的需求为依据，明晰人才培养目标，深化工学结合、校企合作、顶岗实习的人才培养模式改革"。这些都进一步为培养高素质技能型人才的高职教育指明了人才培育教育改革的目标和方向。

党的十九大报告明确提出"深化产教融合、校企合作"的要求。产教融合已经成为国家教育改革和人才开发的整体制度安排，产教融合迈入了新阶段。我国职业教育已经探索形成一条坚持产教融合、校企合作、工学结合、知行合一的"四合"新路子。

行业应当是一条环环相接的链条，服装企业和服装职业教育是现代服装行业链上两个密不可分的主要环节。如今，越来越多的高职院校大力加强了多种形式的服装专业人才培养模式的探索与实践。

比如，邢台职业技术学院形成了同服装产业运作相对接的"双线双产、双学双工"人才培养模式，主动与企业深度合作，共同开发工学结合人才培养方案，基于工作过程系统化重构课程体系，开发出以工作过程为导向的优质核心课程，采用行动导向教学法，建设与之相配套的校内外实训场所，打造专兼结合"双岗双聘"的专业教学团队。

威海职业学院服装专业采取以"理实一体、校企互动"为特征的工学结合人才培养模式，即按照以服装行业技术领域内的岗位需求与划分为依据，以职业能力为主线，校企双方共同围绕理论与实践教学，达到提高学生的职业能力的目的。

山东科技职业学院服装专业依托校办优势产业，形成"校企所共栖，产学研一体，职场化育人"办学特色，实施"教室、车间、实习工厂三位一体"的理实一体化的教学模式，使学生的知识、技能、职业素质以及个人职业生涯得到全面发展和提升。

济南工程职业技术学院服装设计专业开办于 1993 年，是学院的传统特色优势专业和"山东特色名校工程"重点建设专业,具有二十多年的办学历史。自2004年起,学院服装设计专业主动适应服装行业对服装人才需求的变化,致力于"订单式培养""顶岗实习""服装工作室制"等形式的人才培养模式改革,更新教学理念与教学模式,着力提升服装专业学生的职业能力和职业素养,增强可持续发展能力,以更好地服务山东省服装行业经济的快速发展为教学目的,建设齐鲁时尚圈,努力为实现山东省由"纺织服装大省"向"纺织服装强省"转变做出更大的贡献。

特别是2012年以来,服装设计专业依托"山东省特色名校工程"建设实践,不断健全、完善人才培养模式,促进企业需求侧与教育供给侧有效对接融合,人才培养质量和社会服务能力都有显著提升,一次性就业率达100%,专业对口率达到90%以上,企业满意度达到95%以上,双证获取率达到98%以上。

# 第二章　行业人才需求分析

要构建以高新技术产业为先导，特色产业优势突出，科技含量高、经济效益好、人力资源得到充分发挥、市场竞争力和可持续发展能力强的现代服装工业体系，山东省服装类高职院校就必须致力于服装职业教育的改革与发展，加快服装专业优秀人才的培养和集聚，以便形成人才资源高地，为山东省服装行业的振兴提供强大的技术支持和智力保障。反过来，行业的振兴与发展也将为服装职业教育、人才培养规格和人才模式的改革提出更新、更高的培养要求。

## 一、山东省服装企业的人才状况分析

常规服装企业的人员结构一般由管理、营销、采购与供应、设计与技术以及一线生产工人构成。各类人员的配比，虽因企业经营模式的不同而有所差异，但人员齐备是服装企业正常运营必不可少的条件。

一个现代服装企业及其设计团队的人员结构一般为：设计总监或首席设计师、设计师、设计助理。而一些优秀品牌的开发团队则分工更细：品牌总监、首席设计师、设计师、设计助理、陈列设计师、饰品设计师等。

实现服装品牌化是未来我国服装产业的主要发展方向，其中打造独立设计师品牌将是服装品牌化的核心方向之一。产品设计是服装生产链条中最重要的环节之一，企业的载体就是品牌，品牌是服装的生命，而设计则是服装的灵魂。

山东省服装企业由于长期从事"贴牌加工"业务，盲目地追逐利润，对设计、技术人才的重要性认识不足，没有做好人才储备和人才结构调整，诸如服装设计师、商品企划师、陈列设计师、高级制板师、高级物流经理以及高级生产经理等岗位，极大地制约着山东省服装企业发展和产品档次的提升。

调查中发现，拥有专业学历证书，从事服装设计、制板、工艺的专业技术人员仅占4%，许多服装企业几乎没有设计类人员。同时，山东省服装企业中技术人员的学历普遍不是很高，专科及专科以下占68.9%，本科占29.2%，本科以上占 1.9%。大批基础技术员工大多来自农村，进入企业后，仅经过简单培训就由师傅带领上岗，只具备实际操作经验，严重缺乏科学理论指导。

以在职的制板师为例，受过高等教育的不足 10%，受过专业训练的不足 6%，绝大部分制板师都是裁缝出身，跟师傅做一年学徒，就当上制板师。这种人才学历结构可能与企业本身规模以及服装产业本身特点有关。

服装业是操作性和应用性较强的行业，在"贴牌加工"模式下尚能够维持正常运转，但对今后企业由"贴牌加工"到"自主品牌"发展必将带来严重的制约。高素质服装设计师、技术人才的缺乏将是当前山东省服装产业面临的最大难关之一。

## 二、山东省服装行业人才需求分析

### (一) 服装企业对服装专业毕业生的需求调查分析

2013 年全省有规模以上服装企业 1309 家，再加上各类中小型服装加工企业共计约 5000 家，从业人员高达 200 余万人。如果按常规以 15% 的技术人才计算，那就需要约 30 万人，其中设计人员占总数的 6%，工艺技术人员占 45%，营销人员占 13%，管理人员占 36%。由此可见，服装企业急需一批优秀的设计师、工艺师、打板师、管理者以及从事服装研究开发的高级专业人才。

目前，据山东纺织服装人才网上发布的职位需求看，从专业技术人才到普通工人都缺。一些品牌公司急需招聘的岗位包括服装设计师、制板师、跟单员、面料采购员、销售经理、生产管理员等，其中需求最突出的是设计类岗位，如服装设计师、打板/制板师、面料设计师、花样图形设计师和陈列设计师等岗位。此外，品牌管理和策划、整体形象策划等人才也出现一定的需求。

根据服装专业就业市场的需求，专业工作岗位目标主要定位为：服装制衣工、服装打板师、裁剪师、样衣制作师、跟单员、质检员、成本核算员、基层管理人员、其他相关专业岗位。其中，样板师、设计师、工艺师、服装 CAD 操作人员等岗位是高职院校服装专业毕业生传统的优势就业岗位（图 2-1）。

目前，全行业要大力引进和培养三类人才：一是设计人才，这是形成都市型产业的核心力量；二是经营管理人才和营销人才，必须是对市场流行趋势、顾客群细分以及生产管理都较为全面的复合型人才；三是高水平的技工人才，

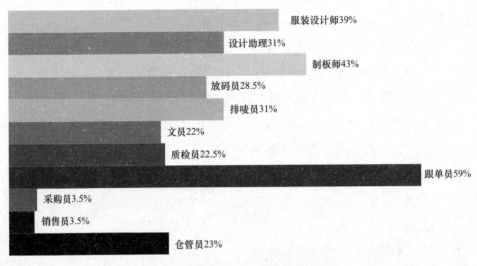

图 2-1　服装企业岗位人才需求一览表

时装、家纺产品的品质要求较高，对工艺制作要求也相对较高，没有经过系统训练的工人是难以满足要求的，如意大利的手工西服，北美的皮草行业，没有高水平技工是很难成就的。

**(二) 服装专业毕业生岗位群及职业能力调查分析**

专业调研组采取"走出去"（企业调研）、"请进来"（邀请有关专业人士召开专题座谈会）、参加专业人才供需见面会等形式，与行业协会、企业人力资源部门及政府部门相关人员共同研讨，在广泛进行社会需求调研的基础上，根据服装企业的生产流程，对职业岗位进行了分析与归纳，确定出面向本专业的职业岗位或岗位群。服装高技能人才的需求主要集中在服装产品设计、服装样板制作、服装工艺设计三大岗位群（表 2-1、表 2-2）。

表 2-1　服装企业生产流程

| 工作流程 | 业务接洽 | 技术科 | 生产科 | 批量生产 | 质量检验 | 交货营销 |
|---|---|---|---|---|---|---|
| 流程内容 | 接单<br>交期确定<br>信息反馈 | 产品设计<br>样板制作<br>样衣生产 | 下达生产单<br>组织生产 | 裁剪<br>缝制<br>整理 | 首件检测<br>后道检测 | 交货<br>市场营销<br>信息反馈 |

表 2-2　职业岗位（群）分析

| 序号 | 岗位、岗位群 | 具体工作岗位 |
|---|---|---|
| 1 | 服装产品设计岗位群 | 产品开发、服装设计师、跟单员、销售经理、陈列师、市场调研员、陈列师、色彩搭配师、店长 |
| 2 | 服装样板制作岗位群 | 制板师、CAD 制板师、生产经理、样板师、质检人员、裁剪工 |
| 3 | 服装工艺设计岗位群 | 工艺师、样衣师、生产管理员、生产流程设计、制衣工、产品质检员、后整员 |

　　服装作为一件商品，从设计师脑海中的构思到消费者身着的成品大致要经过设计→结构→工艺→生产→销售五个环节。通过分析服装工程链上各个链点的特点和要求，分析得出服装企业从业人员的职业能力规格要求以及三大职业岗位群所要求对应的职业能力规格配置（表 2-3、表 2-4）。

表 2-3　服装从业人员职业能力规格分析

| 序号 | 职业能力模块 | 职业能力具体要求 |
|---|---|---|
| 1 | 设计能力 | 1. 能及时捕捉流行趋势，收集市场信息，有创意思维和创新能力<br>2. 能手绘，运用电脑软件进行设计开发<br>3. 能识别、运用并把控面料<br>4. 能分解设计稿、款式图<br>5. 能陈列、展示动静态服装 |
| 2 | 制板能力 | 1. 能把握市场、理解设计意图<br>2. 能熟练进行平面结构设计<br>3. 能熟练进行服装立体裁剪<br>4. 能合理进行工业纸样设计<br>5. 能灵活操作各种常用服装 CAD 软件<br>6. 能调板、试衣及修正纸样<br>7. 能在二维纸样和三维服装之间进行转换 |
| 3 | 工艺设计能力 | 1. 能掌握各种服装的生产工艺<br>2. 能学习新技术，掌握新技术<br>3. 能选择最佳的工艺手段进行成衣组合<br>4. 能编写指导服装生产的工艺技术文件<br>5. 能设计生产工艺流程<br>6. 能绘制、分解服装款式图、结构图和工艺图 |
| 4 | 工业生产与管理能力 | 1. 能合理选择服装企业生产方式<br>2. 能设计流水线，控制生产节拍与产量<br>3. 能优化布置、使用服装机械与设备<br>4. 能控制生产品质，制定产品质量标准<br>5. 能胜任车间生产管理工作<br>6. 能胜任车间生产技术指导工作<br>7. 能熟练操作服装 CAM 与 ERP 系统 |

| 序号 | 职业能力模块 | 职业能力具体要求 |
|---|---|---|
| 5 | 销售与贸易能力 | 1. 能把握消费者、客户的心理<br>2. 具备服装业务能力，能进行国际贸易<br>3. 具备服装商品企划和销售策划能力<br>4. 能进行服装市场营销和产品推广<br>5. 通晓服装生产知识，具备企业跟单能力 |

表 2-4　服装专业岗位群对应职业能力规格配置分析

| 专业方向 | 职业岗位群 | 职业能力 | |
|---|---|---|---|
| | | 需具备 | 兼具备 |
| 服装设计 | 产品开发、服装设计师、跟单员、销售经理、陈列师、市场调研员、陈列师、色彩搭配师、店长、销售员 | 设计能力 | 制板能力、工艺设计能力、销售与贸易能力 |
| 样板制作 | 制板师、CAD 制板师、生产经理、样板师、质检人员、裁剪工 | 制板能力 | 设计能力、工艺设计能力、工业生产与管理能力 |
| 工艺设计 | 工艺师、样衣师、生产管理员、生产流程设计、制衣工、产品质检员、后整员 | 工艺设计能力 | 设计能力、制板能力、工业生产与管理能力 |

## (三) 服装企业对毕业生的需求规格分析

在调查中发现，服装企业对于员工的综合素质特别关注，对毕业生的"成绩优秀"一项认为"比较重要"的企业约占 27%，"仅供参考"的约占 49%；对"毕业生是否党员和学生干部"一项，认为"比较重要"的约占 20%，"仅供参考"的约占 53%，认为"不太重要"的企业约占 17%。

而对"社会实践、专业实习、实际工作经验"一项认为"很重要"和"比较重要"的约占 89%；对学历层次一项认为"很重要"和"比较重要"的约占 44%；对"职业资格证书"一项认为"比较重要"的占 44%；对"荣誉证书"一项认为"仅供参考"的占 61%（图 2-2~图 2-9）。

用服装企业人力资源经理口头上常讲的话说："我们特别需要的是有一定专业基础知识与技能，具有团队协作精神，虚心好学，踏实肯干能吃苦的人。这样的人可塑性强，有发展空间，并且留得住"。

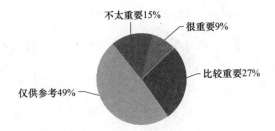

图 2-2　企业对应聘毕业生"成绩优秀"的评价

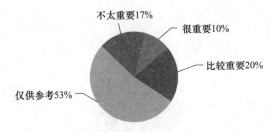

图 2-3　企业对应聘毕业生"党员、学生干部"的评价

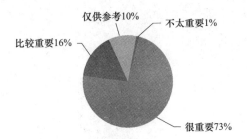

图 2-4　企业对应聘毕业生"社会实践、专业实习、实际工作经验"的评价

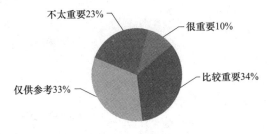

图 2-5　企业对应聘毕业生"学历层次"的评价

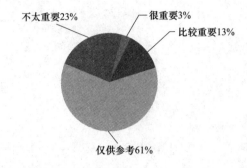

图2-6　企业对应聘毕业生"荣誉证书"的评价

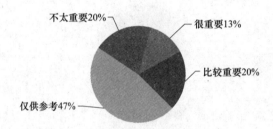

图2-7　企业对应聘毕业生"竞赛证书"的评价

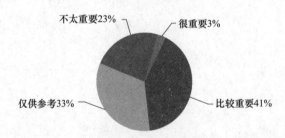

图2-8　企业对应聘毕业生"职业资格证书"的评价

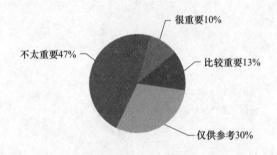

图2-9　企业对应聘毕业生"他人评价证明"的评价

基于社会的不断进步和服装行业技术的飞速发展，通过与企业的座谈和交流，以及对往届毕业生的调查，用人单位对服装专业毕业生的需求标准，主要归纳如下。

（1）具有良好的人际交流能力、团队合作精神和客户服务意识。

（2）具有良好的质量和效益意识及产品检测评估能力。

（3）能运用服装设计与工艺的基础知识，合理选取服装设备、服装加工的相关要素的能力。

（4）了解服装设备、服装技术的发展方向，具备继续学习和适应职业变化的能力。

（5）掌握CAD绘图（设计、制图、造型、自动编程），初、中级服装设计定制，服装制作，服装设备操作（平缝机、包缝机、锁眼钉扣机、整烫机）等技能。

（6）能够编写服装加工工艺文件。

（7）能够识读服装技术文件。

（8）安全用电知识和服装设备维护技能。

（9）具备良好的文化素养和职业道德。

（10）对于学次、荣誉证书、党员和干部等仅供参考。

**（四）服装企业对服装专业毕业生的总体素质评价**

服装企业对毕业生的总体评价见表2-5。

表2-5 服装企业对毕业生的总体评价

| 正面评价 | 负面评价 |
| --- | --- |
| 个体素质较高 | 吃苦耐劳的精神不够 |
| 乐观 | 处事经验不足 |
| 具有上进心 | 心态较浮躁 |
| 勤奋 | 不够成熟 |
| 技能较强 | 不安现状 |
| 学习技能较强 | 创新性较差 |

通过与服装企事业单位沟通交流情况来看，毕业生在工作过程中存在如下情况。

**1. 毕业生吃苦耐劳精神不够**

学生走出学校，进入社会后，不愿意从基层做起，总认为自己是大专生，不能放下架子，端正心态，不愿意从事体力劳动工作，眼高手低，缺少吃苦耐劳精神，刻苦磨练的意识不够。

**2. 毕业生在某一单位长期服务的意向不够**

认为自身提升的空间太小，当实习期满、学有所成时，就不再愿意与用人单位签订长期的用人协议，出现跳槽现象，这导致用人单位对毕业生失去信心，一些重要的职务不愿意让这些毕业生担任。

**3. 教学实践环节安排有待创新**

实习是教学中的关键环节，在调研中，各校友及用人单位反映最多的是学生的实习。实习是一项实践性很强的工作，它开展得成功与否，会影响学生的综合素质、实践能力的提高及毕业生今后的就业，甚至发展前途。

**（五）服装专业毕业生对自身工作岗位和职业规划的态度**

在对毕业生是否喜欢自己的工作岗位调查中，"很喜欢"和"比较喜欢"的约占60%，35%的毕业生对自己的工作岗位认为"一般"，甚至有5%的毕业生认为是"不喜欢"。说明部分毕业生的职业兴趣不大，想要使他具有较强的敬业精神很困难（图2-10）。

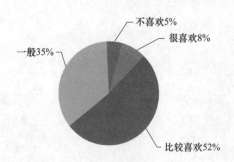

不喜欢5%
很喜欢8%
一般35%
比较喜欢52%

图2-10　毕业生对工作的喜欢程度

在对毕业生对将来的发展是否有清晰的职业生涯规划的调查中，"有职业规划"的约占76%，还有24%"先干着，还没有考虑"，而"有职业规划"的人群中还有27%的学生是"不清晰"。这说明在高职院校中，毕业生有一定的职业规划意识，但还是缺乏职业规划，职业生涯规划能力、学业规划和职业成熟度有待于提高（图2-11）。

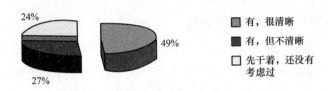

24%

27%

49%

■ 有，很清晰

■ 有，但不清晰

□ 先干着，还没有考虑过

图 2-11 毕业生对职业规划的认知程度

### （六）服装专业毕业生的薪酬情况

调查显示，以技术板师岗位为例，刚毕业的服装专业学生中约37%的被访者月薪为2000～2500元，2500～3000元约占40%，3000元以上的约占21%，4000元以上的只占2%。从调查结果看，毕业生就业期望值与就业实际值之间的差距在逐步缩小，创业型毕业生也在不断增加，良好地实现了技术应用型人才的培养目标，在企业、行业和社会上形成了一定的影响力。

大多毕业生都赞同这样一个观点：第一份工作不能看重薪酬。调查数据显示，约49%的受访学生表示在选择公司时会考虑薪酬的高低，而约78%的学生会考虑个人的发展空间。有部分毕业生认为，在哪个岗位可以学到更多的东西、可以更好地锻炼能力才是最应该考虑的，第一份工作能拿多少钱并不重要。公司名气（42%）、良好的培训（38%）也被认为是毕业生选择公司时要考虑的首要因素。

"对企业岗位专业知识缺乏了解"（约46%）成为困扰毕业生求职的首要因素，这说明毕业生和用人单位缺乏有效的、实质性的沟通交流，供求之间没有建立相互了解的渠道。

### 三、建议与对策

通过调研，可以清醒地看到，随着服装产业进一步深入发展，服装企业不断向新技术、高水平、深加工的领域纵深发展，高素质技能型专业人才凸显紧缺，同时对服装专业高等教育毕业生的能力和素质要求也日渐提高。

高职院校应主动适应服装行业对服装人才需求的变化，并对人才培养模式做出相应调整，大胆进行专业和课程改革，深化专业内涵质量建设，才能培养出更多具有实用性、应用性、创新性、职业素养强的服装专业人才，尽快促进山东省服装企业与国际市场接轨。

## （一）进一步建立校企合作长效机制

高职院校应遵循"立足行业，服务全省，校企联动，特色发展"的办学定位，坚持走"强特色、重内涵、上水平"的发展道路，秉承"与巨人为伍，以品牌为伴"的校企合作理念，大力实施"名校加名企育人才"的人才培养战略，形成人才共育机制、过程共管机制、责任共担机制、人员互聘机制、成果共享机制，打造"校企合作命运共同体"。

## （二）明确人才培养目标，优化人才培养模式

坚持问题导向，通过行业企业调研、企业技术专家访谈和优秀毕业生跟踪回访，"深入了解市场需求，深入了解学生成长需求"，按照职场化育人要求，梳理归纳出高职院校服装设计专业核心岗位职业活动所要求的职业素养及所包含的特定培养要素，明确"培养学生就业竞争力和发展潜力"为人才培养核心目标指向。

## （三）构建以"培养学生就业竞争力和发展潜力"为核心的课程体系

围绕人才培养核心目标指向，按照"六对接"原则，依据职业成长路径，以项目课程为主体，构建以"课证融通"为特征四级模块化递进式理论课程体系和以专业技能为核心、以创新能力培养为提高的能力递进式实践教学体系，以及"三年培养不断线"、融入理论和实践教学全过程的人文素养教育体系，最终实现毕业生能够做到"首岗适应、多岗迁移、可持续发展"。

## （四）加强师资队伍建设，提高教师专业水平

首先，抓好"双师型"队伍的培养，让专业教师到企业进修，参与企业的经营运作、设计打板等生产一线工作，提高技术应用与实践能力，使他们既具备扎实的理论基础知识和较高的教学水平，同时也具有丰富的实际工作经验。其次，坚持专兼相结合的方针，从企事业单位聘请一定比例的兼职教师，改善专业师资结构，优化专业教学团队建设，适应专业变化要求。最后，引进具有高水平的优秀学科带头人和知名设计师、优秀管理人员，承担教学、科研、主持设计专题等工作。

**（五）加强实践教学体系建设**

按照"先进性、实用性、体系化"的原则，以突出培养学生职业能力和职业综合素质为目标，遵循学生认知规律和技能成长规律，构建以专业技能为核心、以创新能力培养为提高的能力递进式实践教学体系，满足服装专业"教、学、做"一体化教学、专项技能训练、项目综合实训、生产性实训、毕业设计、技能鉴定、创新能力和顶岗能力等多种培养要求，形成一个集专业教学、培训、考核于一体的校内外实践教学平台。

**（六）培养学生吃苦耐劳精神，强化学生职业素养**

具有良好的职业道德和思想素质，是现代企业用人的首选标准。调查显示，有44%的服装企业在招聘人才的时候，更加看重毕业生的诚信、吃苦耐劳、踏实肯干等方面的品质。对于高职院校来讲，需要加强对学生人格和心理的培养，让人格培养与专业培养同步，将"工匠精神"的培育贯穿于教育教学全过程，让"工匠精神"刻入学生心中，教育学生自觉践行社会主义核心价值观，争做新时代高职教育的优秀毕业生。

**（七）加强学生就业指导，帮助学生做好职业生涯规划**

重视大学生职业生涯规划意识的培养，科学地设置课程教学内容，理论联系实际，实施分阶段教育，职业生涯教育需贯穿大学培养的全过程。在具体工作中要实现教学的全程化、全员化，实施分年级、分阶段进行，对不同阶段，教学内容要各有侧重，有针对性地进行职业生涯教育。切实提高职业生涯教育的针对性和实效性，满足社会对人才的需求和学生自身成才的需要。

# 第三章　人才培养模式改革

教育部《关于全面提高高等职业教育教学质量的若干意见》（教高〔2006〕16 号）明确指出，"要积极推行与生产劳动和社会实践相结合的学习模式，把工学结合作为高等职业教育人才培养模式改革的重要切入点，带动专业调整与建设，引导课程设置、教学内容和教学方法改革"。

《国家中长期教育改革和发展规划纲要》（2010~2020 年）再次强调，"把提高质量作为教育改革发展的核心任务""实行工学结合、校企合作、顶岗实习的人才培养模式"。

2016 年中共中央印发《关于深化人才发展体制机制改革的意见》进一步明确要求"建立产教融合、校企合作的技术技能人才培养模式""注重人才创新意识和创新能力培养，探索建立以创新创业为导向的人才培养机制，完善产学研用结合的协同育人模式。"

"产教融合、校企合作"是职业教育的基本办学模式，是办好职业教育的关键所在。国务院办公厅印发《关于深化产教融合的若干意见》提出，"深化产教融合的主要目标是，逐步提高行业企业参与办学程度，健全多元化办学体制，全面推行校企协同育人，用 10 年左右时间，教育和产业统筹融合、良性互动的发展格局总体形成，需求导向的人才培养模式健全完善，人才教育供给与产业需求重大结构性矛盾基本解决，职业教育、高等教育对经济发展和产业升级的贡献显著增强"。

## 一、人才培养模式的内涵

所谓人才培养模式是指在一定的教育理论、教育思想指导下，按照特定的培养目标和人才规格，以相对稳定的教学内容和课程体系、管理制度和评估方式，实施人才教育的过程的总和。

人才培养模式主要包括以下五个方面内容。

（1）要有一定的教育思想或理念作为指导，办学理念、教育思想将制约培养目标、专业设置、课程体系和基本的培养方式。

（2）属于一个过程范畴，具体体现在人才培养的各个环节上。

（3）为实现这一过程需要一整套管理和评价制度。

（4）需要与之相匹配的科学的教学模式、方法和手段；人才培养模式不等同于教学模式，它是介于办学模式之下，教学模式之上的一个概念。

（5）人才培养模式是一种标准式样，或者范式，应该具备一定程度的系统性、范型性和可操作性。

人才培养模式从根本上规定了人才特征，并集中体现了教育思想和教育观念，其主要规定和规范了以下两个问题。

一是"培养什么样的人"，即培养什么规格、什么层次的人才，这是属于培养目标的问题；二是"怎样培养符合培养目标的合格人才"，这是属于培养方式、培养手段的问题。

上述两个问题是人才培养模式的基本内涵，也是人才培养目标的本质属性。

## 二、人才培养模式构成要素分析

人才培养模式改革与创新是全面提高人才培养质量的基础条件。高职教育人才培养模式体现着高职院校独特的办学理念，是办学主体对高职教育的哲学思考，从整体上指导着具体的教学实施。同时，人才培养模式改革是牵一发而动全身的，是一项系统工程。

在构建创新人才培养模式时，首先应准确根据"人才培养模式"的内涵和基本构成要素，在先进的职业教育理念的指导下，按照"系统论"观点，从教育思想和理念、培养目标、课程体系、教学管理和评价、"双师型"教师队伍、实训基地建设、产学研结合等方面入手（图3-1），对人才培养模式进行较为系统的分析研究，深入了解区域行业企业发展需求，深入了解学生职业生涯发展需求，综合考虑学生的职业能力与非职业能力的和谐培养，明确人才培养目标，灵活创新设计高职人才培养模式。

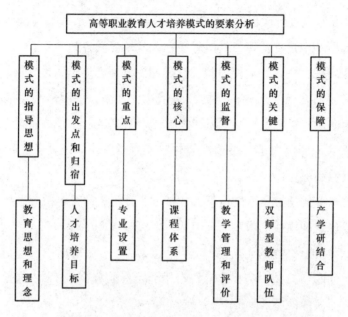

图 3-1　高职教育人才培养模式的要素分析

## （一）人才培养目标

人才培养目标一般包括培养规格、培养方向、业务培养要求等内容，是人才培养模式中的决定因素，即培养什么样人的问题，是对人才培养质量标准的规定，是人才培养的出发点和归宿。同时也是专业设置、课程设置和选择教学制度的前提和依据。它既受国家、社会对人才类型、规格的需求制约，又受学生自身基础条件及发展要求制约。

## （二）人才培养过程

培养过程是指为实现培养目标，根据人才培养制度的规定，运用教材、实验实践设施等中介手段，以一定的方式从事人才培养活动的过程，是人才培养模式的平台属性，也是教育思想和理念得以贯彻的中间环节。

培养过程主要包括专业设置、课程体系、培养途径和培养方案等，具体内容如下。

（1）专业设置是根据学科分工和产业结构的需要所设置的学科门类，它规定着专业的划分及名称，反映着人才培养的业务规格和服务方向。

（2）课程体系是人才培养活动的载体。衡量课程体系构造形态的指标主要有课程体系的总量与课程类型、课程体系的综合化程度、结构的平衡性、设置的机动性和发展的灵活性五个方面。

（3）培养途径是指在人才培养活动中一切显性和隐性的教育环境和教育活动。

（4）培养方案是指人才培养模式的实践化形式，主要包括培养目标的定位、教学计划和教学途径的安排等。

### （三）人才培养制度

培养制度是指在制度层面上关于人才培养的重要规定、程序及其实施体系，是人才培养得以按规定实施的重要保障与基本前提，也是培养模式中最为活跃的一项内容。

### （四）人才培养评价

培养评价是指依据一定的标准对培养过程及所培养人才的质量与效益作出客观衡量和科学判断的一种方式。它是人才培养过程中的重要环节，要对培养目标、制度、过程进行监控，并及时进行反馈与调节，保证培养目标的实现。

### 三、国内同类院校服装专业的育人模式

人才培养质量深受人才培养模式的制约，人才培养模式又受到社会政治、经济、文化、受教育者个性需求等因素的制约。在相当长一段时期内，我国为了提高技术技能型人才培养质量，向德国学习"双元制"模式，向澳大利亚学习"TAFE"模式，向英国学习"三明治"形式，向美国学习"生计教育"方式，向日本学习"产学结合"做法，还有我国台湾的"轮调式"经验。

比如，对于工科、农林、财务会计、金融与服务类专业的学生来说，他们将来从事的工作基本上是流程式的，因而，这些专业大类的人才培养模式主要以德国基于工作过程的人才培养模式为主框架。

对于财政、经济贸易、营销与管理类专业来说，该类专业对学生从事工作的能力要求比较宽，并非强调专而精，因此，这些专业大类的人才培养模式主要以美国职业集群人才培养模式为主框架。

对于文化、艺术设计类专业，由于其培养的各方面的能力之间并无十分紧密的内在联系，因而这些专业大类的人才培养模式主要以加拿大 CBE 人才培养模式为主框架。

纵观发达国家成功的高职人才培养模式，虽然它们都有自己的理念与主张，都自成体系，各具特色，但仔细分析，可以发现它们的精髓都是一样的，那就是"工学结合、校企合作，按照行业（企业）标准与用人要求组织教学"。

经过200所国家示范（骨干）高职院校的探索，从"教育规划纲要"提出的"工学结合、校企合作、顶岗实习"，到中共十九大报告中提出的"产教融合、校企合作"，我国职业教育发展开始有了适合自己的办学模式和人才培养模式。

传统职业教育，工学结合是关键；现代职业教育，校企合作是主题；未来职业教育，产教融合是方向。办职业教育不能没有企业的参与，产业文化进教育、工业文化进校园、企业文化进课堂才是保证职业教育优质发展的办学常态。2017年国务院办公厅发布的《关于深化产教融合的若干意见》提出了产业链、人才链、教育链、创新链四链联动的战略格局，为高等职业院校专业和专业群建设指明了方向。

当前，全国各高职院校、各专业都紧密切合行业、地区实际及学校自身条件，以包容的态度汲取各种人才培养模式的优点，以深化产教融合、对接产业发展需要和学生职业生涯需求为着力点，健全完善人才培养模式，促进企业需求侧与教育供给侧对接融合，有效解决人才培养目标与职场需求不能有效匹配，专业教育教学与企业学生实际需求不能充分吻合以及重技术技能培养、轻职业素养养成等问题，不断提高人才培养质量，满足行业企业和社会发展需求，并在此基础上发展、创新，形成特色（表3-1）。

表3-1　国内同类院校服装专业人才培养模式

| 序号 | 人才培养模式 | 培养模式特点概述 | 院校 | 专业 |
|---|---|---|---|---|
| 1 | 双线双产、双学双工 | "双线"是以"校内教学线"和"企业工作线"作为培养学生职业能力、职业素质的两个主要方面；"双产"是以"生产性实训产品"和"企业实境产品"作为检验学生职业能力的两个载体。"校内教学线"重在实训中形成"生产性实训产品"，构成"学工循环"。"企业工作线"由"校外轮岗实习"和"校外顶岗实习"组成，以学生按照企业要求生产出的"企业实境产品"为考核标准，构成"工学循环" | 邢台职业技术学院 | 服装设计 |

续表

| 序号 | 人才培养模式 | 培养模式特点概述 | 院校 | 专业 |
|---|---|---|---|---|
| 2 | 理实一体、校企互动 | 以服装行业技术领域内的岗位需求与划分为依据，以职业能力为主线，校企双方共同围绕专业的理论与实践教学，达到提高学生的职业能力的目的 | 威海职业学院 | 服装设计 |
| 3 | 以生产性项目为载体的三段式工学结合 | 以军训校服生产、企业委托项目等生产性项目为载体，搭建了三段式工学结合人才培养平台，第一阶段以生产性任务军训校服等生产为依托，完成职业通用能力的培养；第二阶段以各类竞赛、企业新产品开发项目为依托，完成职业创新能力的培养；第三阶段以企业品牌策划和产品开发项目为依托，完成职业综合能力的培养 | 苏州经贸职业技术学院 | 服装设计 |
| 4 | 基于纺织服装产学研集群职场化人才培养模式 | 利用学院资源，组建纺织服装产学研集群，根据"校企所共栖、产学研一体、职场化育人、国际化提升"的办学模式，创新系统化设计人才培养过程，形成"基本技能培养—单项技能培养—综合能力培养—创新能力培养"的教学体系 | 山东科技职业学院 | 纺织服装类 |
| 5 | 工学结合、校企互动 | 与企业共同制订工学结合的人才培养方案，开发工学结合课程，借助企业资源丰富校内教学，构建起服务社会、服务行业、服务企业、服务师生的全方位开放式办学体系，提高学生就业竞争力，满足企业用人需求，实现学校人才培养的良性循环 | 武汉纺织大学高等职业技术学院 | 服装设计 |
| 6 | "教、学、做、研"一体化 | 与企业技术人员共同进行三阶段递进式教学，实现由"知识本位"向"能力本位"的转变；企业技术总监按照学生特长，安排学生扮演不同职业角色，学习掌握必备的职业技能；以产品转化为导向规划学生的操作步骤，使学生在成衣制作中掌握岗位技能；校企联合开展技术攻关，共促技术进步 | 无锡商业职业技术学院 | 服装设计 |
| 7 | 四轮驱动 | 通过目标驱动，以岗位人才需求分流专业；通过项目驱动，以行业标准推进课程改革；通过任务驱动，以任务模块实施教学内容；通过岗位驱动，以顶岗实习锤炼专业技能 | 嘉兴职业技术学院 | 服装 |
| 8 | 项目+工作室 | 建立教学与市场的桥梁，成为教学与企业合作的纽带，实现开放式教学，教学模式采用项目化教学，借鉴"师带徒"言传身教之法，学生理论水平与操作能力显著提高，促进了双师队伍建设 | 广东女子职业技术学院 | 服装设计 |

## 四、人才培养模式的改革

### （一）目标和内容

以系统论、协同论、结构论为理论指导，从职业素养内涵、育人理念、培养模式、体制机制等方面进行研究与实践。具体内容如下。

（1）梳理归纳服装行业对服装设计专业学生职业素养的要求。

（2）进行服装设计专业学生职业素养培养策略的研究。

（3）创新"双主体、四递进、六对接"人才培养模式。

（4）构建"三阶段四平台、渗透式协同育人"职业素养培养体系。

### （二）主要解决的教学问题

（1）人才培养目标与职场需求不能有效匹配问题。

（2）专业教育教学与企业、学生实际需求不能充分吻合问题。

（3）重技术技能培养、轻职业素养养成的问题。

### （三）解决教学问题的方法

（1）坚持需求导向，调研分析职场岗位职业素养要求，有效解决人才培养目标不清晰问题。

通过专业调研，"深入了解行业需求，深入了解学生成长需求"，按照职场化育人要求，梳理归纳出高职院校服装设计专业核心岗位职业活动所要求的职业素养及所包含的特定培养要素，明确"培养学生就业竞争力和发展潜力"为人才培养核心的目标指向。

（2）明确企业与学生需求，创新工学结合人才培养模式，有效解决专业教育教学与企业、学生实际需求相吻合问题。

围绕人才培养核心的目标指向，按照"六对接"原则，重构优化"课证融合""项目导向、任务驱动型"四级递进式模块化课程体系，开展"教学做评赛一体化"教学模式，改革考试模式，建立多元化评价机制，修改人才培养方案，系统优化人才培养模式。

（3）运用系统论、协同论，创新构建"三阶段四平台、渗透式协同育人"职业素养培养体系，有效解决职场环境育人和职业素养综合培养的问题。

围绕社会主义核心价值观和现代企业优秀文化理念，遵循技术技能型人才培养与成长规律，以促进企业和学生共同发展为宗旨，以实现"识时尚、会设计、通工艺、精操作、能创新"为人才培养目标,以专业培养教学体系为依托,以职业技能训练为主线,以职业情景下职业素养的养成为抓手,构建实施"三阶段四平台、渗透式协同育人"职业素养培养育人模式,实现技术技能和职业素质融通发展,全面提高人才培养质量。具体内容详见第六章。

### 五、"双主体、四递进、六对接"服装设计专业人才培养模式

#### (一) 分析就业岗位,定位人才培养目标

依托山东省和济南市纺织服装行业协会,开展服装行业企业调研和企业技术专家访谈,"深入了解行业需求,深入了解学生成长需求",明确服装设计专业的主要就业岗位,并在分析主要职业岗位的工作任务、能力、素质要求的基础上,校企专家共同确定服装设计专业的人才培养目标,明确"培养学生就业竞争力和发展潜力"为人才培养核心的目标指向。服装设计专业毕业生就业岗位及培养目标具体见"第四章　专业课程体系的构建"。

#### (二) 构建"两深入、双主体、四递进、六对接"人才培养模式

以培养学生职业能力可持续发展为核心,以全面提升职业素质为目的,构建基于"校企合作为平台、工学结合为手段"的"双主体、四递进、六对接"人才培养模式(图3-2)。修订和优化职业能力与素质教育为一体,课程体系与职业资格充分对接,教学内容反映新技术、新材料、新工艺的人才培养方案。

"双主体"是指企业与学校共同形成就业平台、师资培养平台、实训基地建设平台。

"四递进"是指采用"下装设计模块→衬衫设计模块→外套设计模块→综合设计模块"四级模块递进的形式进行专业课程体系构建。

"六对接"是指人才培养对接企业需求、课程方案对接职业标准、学历证书对接资格证书、教学过程对接工作过程、教学环境对接工作环境、职业教育对接终身学习。

#### (三) 实践"双主体、四递进、六对接"人才培养模式

##### 1. 探索建立"政行企校"四方联动的校企合作机制

济南工程职业技术学院联合山东省纺织工业办公室、山东服装行业协会、

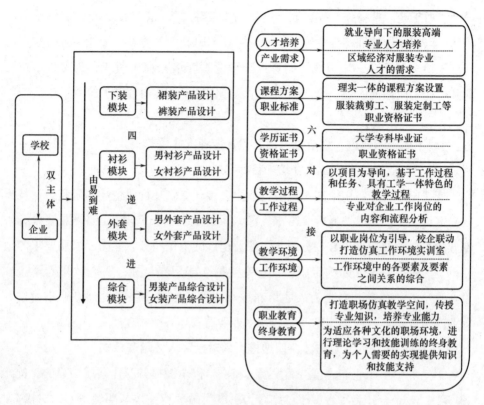

图 3-2 "双主体、四递进、六对接"人才培养模式

济南纺织服装行业协会、鲁泰纺织股份有限公司、香港安莉芳（山东）服装有限公司、青岛绮丽高级时装公司等单位，探索建立"政行企校"四方联动校企合作机制，完善联盟下设机构和理事会章程及相应的规章制度，探索实现"人才共育、过程共管、成果共享、责任共担"的校企合作机制，共同打造"基地→招生→教学→科研→就业"五位一体办学模式，为"双主体、四递进、六对接"人才培养模式的实行奠定坚实基础（图 3-3）。

学院与行业协会、学会、服装联盟、生产力促进中心建立密切的联系，先后成为山东省服装行业协会理事单位、济南纺织服装行业协会常务理事单位、济南纺织工程学会常务理事单位、山东体育性服装产业技术创新战略联盟理事单位。学院策划成立了济南纺织服装工业设计中心工程学院分中心，既扩大影响，增进感情，同时加深合作，实现资源共享，为全面提升专业人才培养质量打造合作平台。

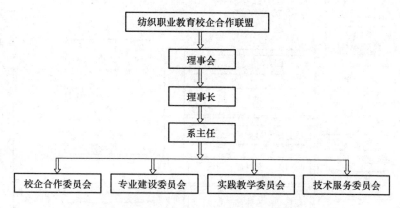

图3-3 纺织职业教育校企合作联盟架构

**2. 以校企合作理事会为纽带，实施"双主体"合作育人**

依托校企合作联盟理事会，搭建三个基地，即：企业基层人才培训基地，学生校外实习就业基地，教师能力提升基地；构建三个平台，即实训室建设平台，教学研究和教学改革平台，学生职业素养培养平台，实施双主体合作育人。

通过校企合作基地和校企合作平台建设，形成有效的专业建设合作框架，加快专业改革、课程建设、师资建设、实验实训条件建设和文化融合，每年定期举行校企合作理事会年会，逐渐实现人才共育、过程共管、成果共享、责任共担，构建服装设计专业"双主体"合作办学育人的机制，打造"校企合作育人命运共同体"。

**3. 实行基于工学结合"任务驱动，项目导向"的教学模式**

结合学生职业成长规律，实施"模块化、递进式"教学组织形式，按"下装设计模块→衬衫设计模块→外套设计模块→综合设计模块"由易到难的四级递进模块方式组织教学，按照"资讯→决策→计划→实施→检查→评价"六步教学法，实行"任务驱动，项目导向"教学模式组织教学工作，逐步提升学生职业能力和职业素养，增强学生的核心就业竞争力（图3-4）。

遵循"循序渐进，巩固提高"的原则，实行"八学期、三阶段"的教学运行形式（表3-2），做到工学交替、学训交融，使学生的基本技能、专业技能、综合技能逐步提升。

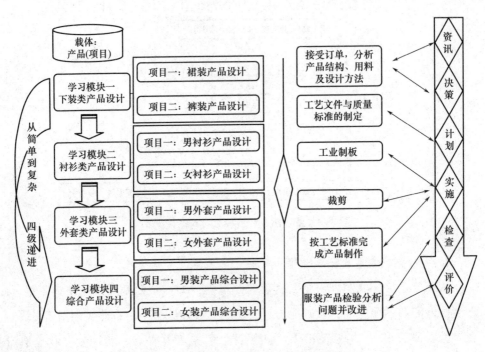

图3-4 "模块化、递进式"教学组织形式

表3-2 "八学期、三阶段"教学运行表

| 第1学期 | 第2学期 | 第3学期 | 第4学期 | 第5学期 | 第6学期 | 第7学期 | 第8学期 |
|---|---|---|---|---|---|---|---|
| 阶段1 | 阶段2 | | | | | | 阶段3 |
| 公共基础课程和专业基础课程学习 基础实训 | 以四类服装产品为载体按"下装设计模块→衬衫设计模块→外套设计模块→综合设计模块"由易到难的四级递进模块的方式组织教学进行专业技术课程学习 专项实训 | | | | | | 顶岗实习 |

**4.建立全方位的考核评价体系**

对课程考核评价体系进行改革，注重过程考核。专业课程采用学校、行业、企业共同制定的考核标准，采取过程考核与目标考核相结合的考核模式，引入职业技能鉴定的考核内容与方式，建立由企业参与，综合教师评价、学生自评和学生互评的课程考核综合评价体系。

**5.全方位、全过程做好顶岗实习"六个一体化"管理**

顶岗实习分组织、实施和总结三个阶段，实行学校管理教师与顶岗指导教师一体化、毕业答辩与实习地点一体化、顶岗实习任务和实习岗位能力一体化、专业教育和企业文化教育一体化、顶岗实习和毕业设计一体化、顶岗实习和就业一体化。

利用济南工程职业技术学院EMS信息平台，将学校与学生实习企业、教师与学生、企业指导教师与学校指导教师紧密联系起来，全方位、全过程地管理和监控学生顶岗实习（图3-5）。

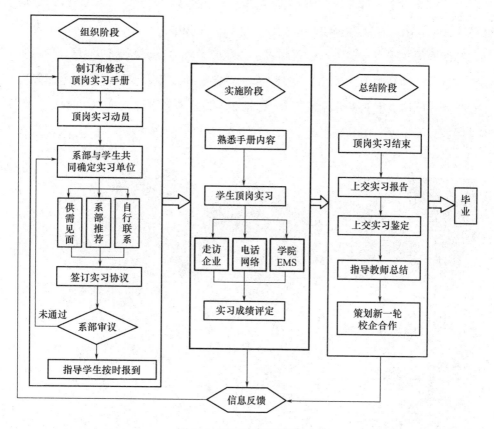

图3-5 顶岗实习管理模式

**6. 优化专业教学条件**

（1）师资队伍建设。聘用校外专业带头人1名，培养6名骨干教师，校内双师素质专业教师达到90%，四十岁以下中青年教师具有硕士学位比例达到80%，建立16人的动态兼职教师资源库。同时组织教师参加各类培训与企业顶岗实习，组织教师到知名专业院校参观交流，参加专业展会、专业论坛等以开阔眼界。

在专业教师中推行"四个一"工程，即：每名专业教师要做"一名专业导师"，负责学生专业思想教育；"管理一个实验实训室"，提高自身专业建设能力和实践操作能力；"负责联系一个企业"，密切校企合作关系；"主持或者参与一个课题研究"，全面提升教师的教学科研水平。

（2）实训条件建设。根据"双主体、四递进、六对接"工学结合人才培养模式的要求，围绕提高学生服装设计能力、制板能力、工艺能力与生产管理营销能力的主题，按照工作过程建设一体化教学校内实训基地，在现有校内实践教学条件的基础上，扩建服装工艺室、服装特种设备室，改建服装立体裁剪教学做一体实训室，新建服装CAD实训室、服装基础设计实训室、服装工学一体成果展示厅、服装项目（内衣、童装）工作室（图3-6）。

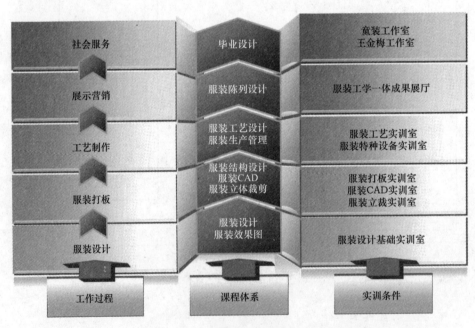

图3-6 服装设计工作过程、课程体系、实训条件关系图

除此之外，学校还建设具有教学功能的校外实习实训基地。在原有的香港安莉芳（山东）服装有限公司、青岛绮丽高级时装有限公司、青岛红领集团

等 10 家校外基地的基础上，又选择 7 家校外企业进行深度合作，校外实习基地达到 17 家。

其中，以鲁泰为代表的两家基地重点开发衬衣产品项目，以红领为代表的三家基地重点开发西服项目，以青岛绮丽为代表的两家基地重点开发时装和休闲装项目，以香港安莉芳为代表的两家基地重点开发家居服和内衣产品项目；新建的校外实训基地还增加针织服装方向、服装电子商务方向等符合服装"个性化、快时尚"发展趋势要求的企业，并与其他企业积极合作，使服装设计专业顶岗实习岗位和就业率达 100%。

**7. 大力推行毕业设计"真题真做"**

积极进行毕业设计改革。学生毕业设计采用"真题真做、全真全息"模式，实行"二对一"式的"现代学徒制"教学，让学生在企业进行毕业设计，将服装公司每年的春夏新品研发项目作为毕业设计课题，这样毕业设计题目不再局限于纸上谈兵、T 台展示和艺术创意，出现为设计而设计、空对空的现象。

所谓"真题真做、全真全息"毕业设计模式如图 3-7 所示。

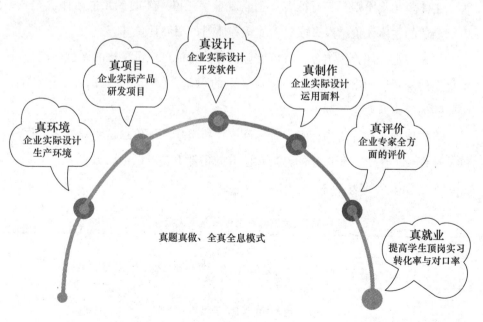

图 3-7　毕业设计真题真做、全真全息模式

最终实现"学生作品→产品→商品",使学生实现"需要工作的人"→"工作需要的人"的转变,着力提升毕业生的综合职业素质和职业能力。

**8. 创新教学管理和运行保障机制**

(1) 建立专业调研常态机制,为专业建设和提高人才培养质量提供有力依据。

(2) 坚持市场导向人才质量关,改革人才培养质量评价模式。

① 评价形式。包括过程性评价和结果性评价两种形式。

过程性评价。以对学生专业核心能力的评价为主,主要由教学督导、课程教师(专兼职)在教学实施过程中完成,其目的在于对学生学习任务的完成情况和核心能力的掌握情况进行评价。

结果性评价。主要关注学生从业能力和职业发展能力的评价,它是在学生毕业之后,建立第三方评价制度,由学生、企业、社会共同对学生职业岗位综合表现和发展能力的综合评价,其评价结果作为指导专业人才培养过程的可借鉴性依据。

② 评价原则。

主体多元化原则。实行社会、企业、学生三位一体的多元主体评价模式,以综合后的主体评价结果形成对人才培养质量的最终评价。

定量与定性评价相结合。将可测量的评价指标形成可量化的评价标准,避免标准的随意性和不统一性;注重对学生的职业道德、从业意识、工作态度、创新能力等素质要素的评价。

可操作性。在评价指标和评价标准上,所选择的评价点是明确的、可观测的;在评价方法上,所选择的方法在已有的条件下是可以运用和实现的。

③ 指标体系(表3-3)。

表3-3 人才培养质量评价与反馈指标体系

| 评价主体 | 评价项目 | 评价指标 | 评价方法 |
|---|---|---|---|
| 行业协会 | 行业认可度 | 行业对专业人才的职业能力、职业成绩、行业知名度的评价 | 1. 问卷调查<br>2. 行业信息跟踪 |
| 服装企业 | 用人满意度 | 企业对专业人才在职业工作过程中的工作态度、专业技能、团队合作精神等的认可度 | 1. 企业走访<br>2. 问卷调查 |

续表

| 评价主体 | 评价项目 | 评价指标 | 评价方法 |
|---|---|---|---|
| 毕业生 | 初次就业率 | 应届毕业生毕业时正式就业的比例 | 1. 就业率统计、对口就业率统计<br>2. 问卷调查<br>3. 毕业生座谈会<br>4. 建立毕业生职业跟踪网络信息平台,定期对毕业生进行跟踪 |
| | 对口就业率 | 毕业生选择与自己专业相符的职业的比例 | |
| | 专业认可度 | 毕业生对自己在学校接受的能力培养与职业岗位要求的吻合度的评价、培养模式评价 | |
| 企业、毕业生 | 职业发展力 | 对毕业生的职业适应能力、职业创新能力及职业成绩的评价 | 1. 建立毕业生职业跟踪网络信息平台,定期对毕业生进行跟踪<br>2. 企业走访<br>3. 座谈会 |

# 第四章　专业课程体系构建

## 一、构建背景

随着我国服装行业与国际时尚的逐步接轨，人们的思想观念发生了较大的转变，越发注重对生活品质的追求和精神层面的追求，对服装设计提出了更高的要求，服装设计专业人才的需求也明显增加。

服装专业课程具有显著的系统性和专业性特征。从高职院校对服装设计专业人才的培养教育现状来看，在专业课程体系设置上尚存在诸多问题，诸如：人才培养目标与职场需求不能有效匹配问题，专业教育教学与企业和学生实际需求不能充分吻合问题，以及重技术技能培养而轻职业素养养成等问题。

因此，开展服装设计专业人才需求调研，研究行业企业发展的新形势对服装人才知识结构与能力素质要求，确定服装设计专业的人才培养目标定位，改革、完善课程体系设置，建立起更趋合理的专业课程体系。这已成为教育教学的当务之急，并具有很强的现实意义。

## 二、构建原则

专业是高等职业院校的品牌和灵魂，专业建设是高等职业院校教学内涵建设的核心。其中，课程体系的构建是一个专业人才培养模式改革的主要落脚点，也是教学改革的重点和难点，是高等职业教育能否实现人才培养目标的重要条件之一。

### 1. 适应产业发展的原则

产业发展是高职专业教育模式设定和课程设置的核心影响因素，产业的发展决定了岗位群的组成以及岗位工作的技能要求。课程体系的构建应符合整个行业通用和公认的专业理论知识和基本技术技能，以此满足行业对专业人才的基本需求。

### 2. 素质能力本位的原则

课程体系的构建除了满足产业企业对人才的基本需求，还应充分考虑学生个人的生涯发展需求，提升学生综合职业素质，增强学生的可持续发展能力。

**3. 多元整合优化的原则**

以培养学生职业岗位适应能力为目标，要能对专业课程教学内容和课程体系进行优化组合，不断适应高职专业教学的需要和人才培养目标实现的需求。

**4. 弹性灵活开放的原则**

这是对高职教育专业课程体系在机制上进一步的要求，以便专业课程体系能够不断地根据产业发展变化进行快速调整。

## 三、课程体系的构建

课程是学校提供的产品，要培养出高质量且能与企业无缝接轨的服装从业人员，院校就必须根据行业企业设置的职业岗位、企业要求的职业能力来选择人才培养模式，建构课程体系、改革课程内容，优化课程教学模式，实现理论教学、实践教学与社会、企业紧密对接。

### （一）合理定位专业人才培养目标

"深入了解产业需求，深入了解学生成长需求"是人才培养工作的出发点和落脚点。经过大量的市场调研和校企专家的深度研讨，服装设计专业的人才培养目标定位如下：

培养具有良好的思想素质、人文社科素养和职业道德，掌握服装行业相应岗位必备的理论知识和专业知识，具有较强的服装设计与制作能力，能够从事服装与服饰设计、打板、样衣制作、跟单、质检、陈列等工作，"识时尚、会设计、通工艺、精操作、能创新"的高素质技术技能型人才。

### （二）专业典型岗位分析

通过大量的专业和企业调研（包括青岛红领、青岛绮丽、香港安莉芳、鲁泰格蕾芬等服饰品牌企业），汇集了服装行业的相关岗位，并对这些岗位的类型、特点、性质和技能要求等进行了认真分析研究，同时结合近五年服装专业毕业生的跟踪调查，对服装设计专业典型职业岗位归纳为：专业技术基础岗位和相应的未来专业技术提升岗位。设计师助理是本专业学生初次就业的主要方向，板师助理、样衣师、跟单员、QC质检员等都是本专业学生初次就业的拓展方向（图4-1）。

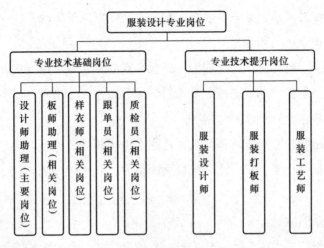

图4-1　典型职业岗位确定

## （三）典型职业岗位的工作任务、职业能力及学习领域分析

根据典型职业岗位确定其相应的典型工作任务，引入行业企业岗位能力标准，分析出学生应具备的岗位职业能力，并将典型工作任务转化为行动领域，形成学习领域，构建以服装企业岗位能力需求为目标、基于工作过程系统化的专业课程体系。详见表4-1和表4-2。

表4-1　服装设计专业典型工作任务与职业能力分析表

| 工作岗位 | 典型工作任务 | 职业能力 |
|---|---|---|
| 设计师助理 | 市场调研 | 1. 具有协助设计师进行区域调查、商场调查和目标品牌调查的能力<br>2. 具有快速跟踪国内外服装设计的发展动态，接受新的设计理念的能力<br>3. 具有分析问题，写出市场调查报告的能力 |
| | 设计要素分析 | 1. 具有款式造型设计元素分析的能力<br>2. 具有色彩及图案设计元素分析的能力<br>3. 具有面辅料设计元素分析的能力 |
| | 设计方案策划 | 1. 具有服装设计要素进行综合的能力<br>2. 具有应用专业绘图软件进行服装款式设计的能力 |
| | 设计方案表达 | 1. 具有设计表达能力，即手绘或计算机绘制效果图、款式图的能力<br>2. 具有服装新款设计开发的能力<br>3. 具有文案表述的能力 |

续表

| 工作岗位 | 典型工作任务 | 职业能力 |
|---|---|---|
| 板师助理 | 样衣板型制作 | 1. 具有人体测量的能力和确定服装成品规格的能力<br>2. 具有面料应用和款式立体造型的能力<br>3. 具有服装设计图识读及理解设计师意图的能力<br>4. 具有独立进行各类服装样板制作及样衣制作的能力<br>5. 具有完成板型的结构设计的能力 |
| | 样板推档 | 1. 具有批量生产的工艺制订及设备配备的能力<br>2. 具有应用服装 CAD 软件进行服装样板制作、放码、排料的能力<br>3. 具有检验、复核样板的能力 |
| | 工业样板制作 | 1. 具有排料算料的能力<br>2. 具有快速跟踪国内外服装技术的发展动态，接受新的服装板型技术、CAD 技术的能力 |
| 样衣师 | 领料与裁剪 | 1. 具有服装设计图识读及理解设计师意图的能力<br>2. 具有根据效果图或样衣及工艺要求检查核对纸样的能力<br>3. 具有核对主辅料样并进行理化测试的能力 |
| | 服装缝制 | 1. 能熟悉缝纫机械的性能<br>2. 能配合板师、设计师，按工艺说明进行各类服装白坯、样衣制作<br>3. 对不符合要求的工艺，能与板师及设计师沟通修改 |
| | 工艺流程和工艺要求的编写 | 1. 具有样衣完成后挂牌信息的填写能力<br>2. 具有产品开发工艺表信息的填写能力 |
| 质检员 | 服装面辅料检验 | 1. 具有学习服装面辅料检测的基础知识、检验程序、检验内容、检测方法、检测要求的能力<br>2. 具有服装面料、辅料的鉴别与检验能力 |
| | 半成品、成品检验 | 1. 具有学习各类服装半成品检测的基础知识、检验程序、检验内容、检测方法、检测要求的能力<br>2. 具有服装半成品及成品的鉴别与检验能力<br>3. 具有协助建立企业服装生产的质量保证体系，并进行质量控制的能力 |
| 跟单员 | 服装理单 | 1. 能分析订单、核对订单，能对服装面料、辅料采购<br>2. 有服装设计图识读及理解服装款式的能力和生产工艺及成本计算的能力 |

续表

| 工作岗位 | 典型工作任务 | 职业能力 |
|---|---|---|
| 跟单员 | 服装生产的跟踪与监控 | 1. 了解并熟悉服装缝纫工艺技术要求，掌握生产工艺流程，熟悉服装质量要求<br>2. 能与客户较好沟通，协助生产任务安排<br>3. 会核对装箱单，按要求进行装箱包装出货<br>4. 了解服装生产过程中的关键过程，并能分析问题，提出解决问题的方案 |

**表 4-2　典型工作任务与行动领域及学习领域（课程）的转换**

| 序号 | 典型工作任务 | 行动领域 | 学习领域（课程） |
|---|---|---|---|
| 1 | 市场调研 | 服装市场调研 | 服装市场营销 |
| 2 | 设计要素分析 | 服装设计要素分析 | 服装设计基础 |
| 3 | 设计方案策划 | 服装分类设计 | 服装设计 |
| 4 | 设计方案表达 | 效果图、款式图绘制 | 效果图绘制 |
| 5 | 样衣板型制作 | 服装立体裁剪<br>服装结构设计 | 服装立体裁剪<br>服装结构设计 |
| 6 | 样板推档 | 服装推板 | 服装推板 |
| 7 | 工业样板制作 | 服装工业制板 | |
| 8 | 领料与裁剪 | 服装工艺制作 | 服装工艺设计 |
| 9 | 服装缝制 | | |
| 10 | 工艺流程和工艺要求的编写 | | |
| 11 | 服装面辅料检验 | 服装面辅料检验 | 服装质量控制 |
| 12 | 半成品、成品检验 | 服装质量控制 | |
| 13 | 服装理单 | 服装跟单 | 服装生产管理 |
| 14 | 服装生产的跟踪与监控 | 服装生产管理 | |

## （四）构建"项目导向、任务驱动型"模块化课程体系

依据职业成长路径，以岗位能力训练为主线，采取课程嵌入式实训及以项目课程为主体，构建以"课证融通"为特征的专业课程体系（图 4-2）和以专业技能为核心、以创新能力培养为目标的能力递进式实践教学体系（图 4-3），以及三年培养不断线、融入理论和实践教学全过程的人文素养教育体系。

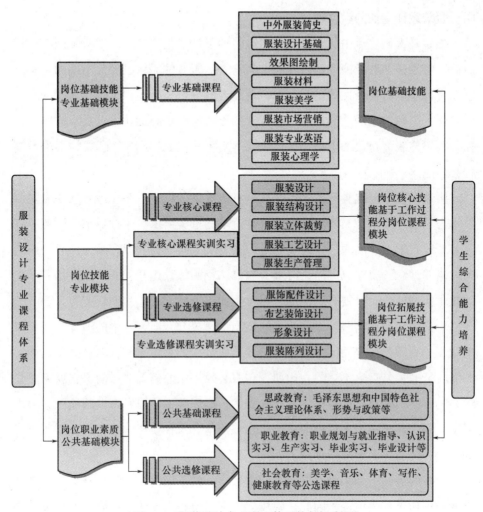

图 4-2　服装设计专业课程体系构架示意图

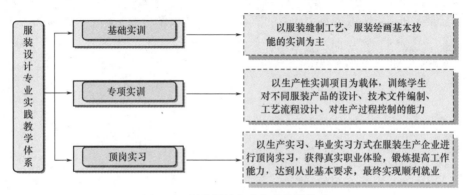

图 4-3　服装设计专业实践教学体系

## 四、服装设计专业的教学特点

服装是人们生活中的实用产品，服装的设计、生产和销售都必须围绕市场展开。特别是随着我国经济的发展，消费者对服装的需求已经由早期的基本要求上升为追求时尚个性的更高要求，消费者的偏好发生了根本转变。收入水平的变化、个性追求理念的觉醒、消费者低年龄层次重心的转移以及互联网的迅速普及，使服装行业的更迭正在加快，"互联网+服装定制"已成为未来发展的必然趋势。

服装设计专业既具有技术性，又具有艺术性的特点。在设计上既要满足服装本身的服用要求，又要满足人们日益追求的审美要求、个性要求。因此，在服装专业教学上，高职院校需要立足行业发展实际，树立以产品为核心的服装人才培养理念，实施以产品化终端为项目课程的施教途径，既要注重培养学生的技术实践能力，又要有意识地培养学生的审美意识和艺术创新能力。

应该说，专业实践可以使学生的技能快速提升，而艺术中的美学知识与审美意识，则需要长时间循序渐进的培养。而且，如果单靠一个项目提升这两大方面的能力，是远远不够的。比如，在服装效果图绘制等这样的课程就需要长时间的体会与积累；还有设计方法的表达，如一些手绘或者是电脑绘图，通过一个、两个甚至三个项目也很难达到熟练地掌握这种技能，这些能力需要反复的练习、体会、观察才能掌握。

再好的课程，如果没有有效的课堂教学，就不能落实到学生身上，那么一切的教学质量都是空谈。因此，院校应以项目课程为主体，以服装产品设计制作的工作任务为载体，以岗位能力训练为主线，学生通过完成项目来不断深化学习课程知识点，锻炼每个环节的职业能力，提高学生的实际工程能力和工程思维，实现"项目导向、工学结合、融通发展"的目标。

# 第五章 专业核心课程的标准

## 一、服装设计课程标准

### (一) 课程定位与设计

#### 1. 课程定位

服装设计是服装设计专业的一门核心课程，其主要是通过理论学习与实践学习，使学生了解服装色彩、面料、款式的搭配及形式美的法则，掌握服装设计方法，使学生具备从服装设计的酝酿构思、材料选择到工艺制作等创作和表现的能力，达到服装设计定制工（高级）的技术水平。

本课程的前导课程有服装效果图、服装色彩与图案设计、服装设计基础等，后续课程有毕业设计与展示、服装陈列设计及企业生产性实训、顶岗实习等环节。

#### 2. 课程设计

课程以就业为导向，在对本专业所涵盖的岗位群进行任务与职业能力分析的基础上，以各职业岗位共有的工作任务来确定本课程的基本结构和内容。其总体设计思路是，打破以知识为主线的传统课程模式，转变为以能力为主线的任务引领型课程模式。课程将服装设计表达作为一个大项目进行设计，包括下装类产品设计、衬衫类产品设计、外套类产品设计这三大模块内容。服装设计注重市场性、时尚性，因此，在设计课程时首先从服装的发展历史到现状出发，让学生去观察、调研市场，在此基础上，进行服装细节和零部件的设计，进而对服装的一些典型款式进行设计创新，并通过对部分服装细节和典型款式的样板结构、工艺缝制的学习，进一步完成服装成品的制作。

课程打破以往设计与结构制板、工艺课程相分离的模式，从一个更直观更容易被高职学生理解与掌握的角度安排课程，三大模块所必须掌握的技能要求，紧紧围绕完成工作任务的需要，承前启后，逐步递进。在教学实施中，根据三大模块所必须掌握的知识和技能设计各个具有针对性、实用性、可操作性的活动，通过这些活动的进行，完成教与学的过程。

## （二）课程目标

总体目标：通过任务引领的项目教学活动，使学生了解人体体型特征和服装市场现状，熟悉服装细节设计的要点，掌握形式美的法则及服装设计方法，懂得服装工艺流程设计；结合服装结构设计的基本原理、绘制方法及工艺流程中各环节间的技术要点，完成服装产品的设计、制板到成品的制作，使学生具备从酝酿构思、材料选择到工艺制作等创作和表现的能力，达到服装设计定制工（高级）的技术水平。

### 1. 技术知识目标

（1）了解人体体型特征和服装市场现状。

（2）熟悉服装工艺流程设计。

（3）掌握服装色彩与图案设计方法。

（4）掌握服装面料搭配方法。

（5）掌握服装款式设计要点。

（6）掌握形式美的法则。

（7）掌握服装设计方法。

### 2. 职业能力目标

（1）能进行服装市场调研，并撰写调研报告。

（2）能进行服装的款式设计。

（3）能进行服装的配饰设计。

（4）能进行服装色彩与图案设计。

（5）能进行服装面料设计。

（6）能够进行系列服装设计表达。

### 3. 职业素质目标

（1）在构思过程中，培养学生形象思维能力及仔细、认真的态度。

（2）在分析资料的过程中，培养学生工作严谨的态度及踏实的工作作风。

（3）在项目完成过程中，提高学生与人合作、吃苦耐劳的能力。

（4）在项目讨论和汇报过程中，培养学生语言表达和与人沟通交流的能力。

（5）在个人成绩评定和小组成绩评定等过程中，培养学生良好的处事态度和豁达的性格。

（6）在整个项目完成过程中，培养学生综合运用知识和理论联系实际的能力。

（7）在学习小组协作完成项目过程中，培养学生团队合作意识和相互欣赏的品德。

（8）在服装设计的拓展学习中，培养学生的独立获取新知识的能力。

**（三）课程内容及教学要求**

**1.课程内容及教学设计（表5-1~表5-3）**

表5-1 学习内容

| 序号 | 学习情境1 | 学习情境2 | 学习情境3 |
|---|---|---|---|
| 学习情境名称 | 下装类产品设计 | 衬衣类产品设计 | 外套类产品设计 |
| 学分分配 | 5 | 5 | 5 |
| 学时合计：264，其中实践教学学时比例为64% | | 理论学时 | 94 |
| | | 实践学时 | 170 |

表5-2 学习领域知识、能力分析表

| 学习情景名称<br>典型工作任务 | | 教学要求 | | 参考学时 |
|---|---|---|---|---|
| | | 知识内容及要求 | 能力内容及要求 | |
| 裙装设计 | 情景一<br>市场调研 | 1. 了解服装与服装设计的概念<br>2. 了解市场调研的目的 | 1. 搜集裙装资料能力<br>2. 阅读资料和利用资料的能力 | 30 |
| | 情景二<br>资料分析 | 1. 了解文献资料的检索及查阅方法<br>2. 了解裙装的基本知识<br>3. 了解并把握资料的用途 | 1. 能进行文献资料的检索及查阅<br>2. 能进行资料分析 | |
| | 情景三<br>方案确定 | 1. 了解裙装款式造型<br>2. 了解裙装色彩搭配并分析<br>3. 了解裙装面料分析 | 1. 裙装的造型分析能力及应用能力<br>2. 能进行色彩搭配和面料应用 | |
| | 情景四<br>方案表达 | 1. 了解并掌握各类裙装的特点<br>2. 掌握裙装款式图的造型、色彩、面料表达 | 1. 具备绘制效果图的能力<br>2. 进行各类款式图的造型能力<br>3. 绘制各类面料的能力 | |
| | 情景五<br>产品制作 | 1. 了解女士裙装样板制作的步骤和要求<br>2. 了解裙装基本款和变化款式的样板制作方法及技巧<br>3. 了解裙装的工艺流程 | 1. 能灵活应用裙装基本款的结构作变化款式裙装的结构设计<br>2. 能够独立完成变化款式裙装的制板<br>3. 能够顺利完成变化款式裙装的制作<br>4. 能处理工艺制作中出现的一般故障 | |

续表

| 学习情景名称 典型工作任务 | | 教学要求 | | 参考 学时 |
|---|---|---|---|---|
| | | 知识内容及要求 | 能力内容及要求 | |
| 裤装 设计 | 情景一 市场调研 | 1. 了解男女裤装市场和各类品牌<br>2. 了解市场调研的目的 | 1. 能搜集各类品牌男女裤装资料能力<br>2. 能阅读资料和利用资料 | 40 |
| | 情景二 资料分析 | 1. 了解文献资料的检索及查阅方法<br>2. 了解男女裤装的基本知识<br>3. 了解并把握不同款式男女裤装资料的用途 | 1. 能进行文献资料的检索及查阅<br>2. 具备资料分析的能力<br>3. 能运用各类资料 | |
| | 情景三 方案确定 | 1. 了解男女裤装各类款式造型<br>2. 了解男女裤装色彩搭配<br>3. 了解男女裤装面料 | 1. 能综合分析男女裤装的各类造型分析<br>2. 能进行色彩搭配和面料应用 | |
| | 情景四 方案表达 | 1. 了解并掌握各类男女裤装的特点<br>2. 了解并掌握男女裤装款式图的造型、色彩、面料表达 | 1. 能绘制效果图<br>2. 能进行不同色彩的表达和搭配<br>3. 能绘制各类面料 | |
| | 情景五 产品制作 | 1. 了解男女裤装样板制作的步骤和要求<br>2. 了解男女裤装基本款和变化款式的样板制作方法及技巧<br>3. 了解男女裤装的工艺流程 | 1. 能灵活应用男女裤装基本款的结构作变化款式的结构设计<br>2. 能够独立完成变化款式男女裤装的制板<br>3. 能够顺利完成变化款式男女裤装的制作<br>4. 能处理工艺制作中出现的一般故障 | |
| 女士 衬衫 设计 | 情景一 市场调研 | 1. 了解各类品牌的女士衬衫<br>2. 了解针对女士衬衫市场调研的目的 | 1. 能搜集各类品牌女士衬衫资料能力<br>2. 能阅读资料和利用资料 | 40 |
| | 情景二 资料分析 | 1. 了解文献资料的检索及查阅方法<br>2. 了解女士衬衫的基本知识<br>3. 了解并把握不同款式女士衬衫资料的用途 | 1. 能掌握文献资料的检索及查阅方法<br>2. 具备资料分析的能力<br>3. 能运用各类资料 | |
| | 情景三 方案确定 | 1. 了解女士衬衫各类款式造型<br>2. 了解女士衬衫色彩搭配<br>3. 了解女士衬衫及面料分析 | 1. 能综合分析女士衬衫的各类造型<br>2. 能进行色彩搭配和面料应用 | |
| | 情景四 方案表达 | 1. 了解并掌握各类女士衬衫款式设计的特点<br>2. 了解不同款式女士衬衫的造型、色彩、面料的运用 | 1. 具备绘制各类女士衬衫效果图的能力<br>2. 能进行不同色彩的表达和搭配<br>3. 能绘制各类面料 | |

| 学习情景名称 典型工作任务 | | 教学要求 | | 参考学时 |
|---|---|---|---|---|
| | | 知识内容及要求 | 能力内容及要求 | |
| 女士衬衫设计 | 情景五 产品制作 | 1. 了解女士衬衫样板制作的步骤和要求 2. 了解女士衬衫基本款和变化款式的样板制作方法及技巧 3. 了解女士衬衫的工艺流程 | 1. 能灵活应用衬衫基本款的结构作变化款式衬衫的结构设计 2. 能够独立完成变化款式衬衫的制板 3. 能够顺利完成变化款式衬衫的制作 4. 能处理工艺制作中出现的一般故障 | 40 |
| 男士衬衫设计 | 情景一 市场调研 | 1. 了解各类品牌的男士衬衫 2. 了解针对男士衬衫市场调研的目的 | 1. 能搜集各类品牌男士衬衫资料能力 2. 能阅读资料和利用资料 | 44 |
| | 情景二 资料分析 | 1. 了解文献资料的检索及查阅方法 2. 了解男士衬衫的基本知识 3. 了解并把握不同款式男士衬衫资料的用途 | 1. 能掌握文献资料的检索及查阅方法 2. 能具备资料分析的能力 3. 能运用各类资料的能力 | |
| | 情景三 方案确定 | 1. 了解男士衬衫各类款式造型 2. 了解男士衬衫色彩搭配 3. 了解男士衬衫面料分析的能力 | 1. 能综合分析男士衬衫的各类造型分析 2. 能进行色彩搭配能力和面料应用能力 | |
| | 情景四 方案表达 | 1. 了解并掌握各类男士衬衫款式设计的特点 2. 了解不同款式男士衬衫的造型、色彩、面料的运用 | 1. 具备绘制各类男士衬衫效果图的能力 2. 能进行不同色彩的表达和搭配 3. 绘制各类面料的能力 | |
| | 情景五 产品制作 | 1. 了解男士衬衫样板制作的步骤和要求 2. 了解男士衬衫基本款和变化款式的样板制作方法及技巧 3. 了解男士衬衫的工艺流程 | 1. 能灵活应用男士衬衫基本款的结构作变化款式衬衫的结构设计 2. 能够独立完成男士变化款式衬衫的制板 3. 能够顺利完成男士变化款式衬衫的制作 4. 能处理男士衬衫制作过程中的故障 | |
| 女士外套设计 | 情景一 市场调研 | 1. 了解各类品牌的女士外套 2. 了解针对各类女士外套市场调研的目的 | 1. 能搜集各类品牌女士外套资料 2. 能阅读资料和利用资料 | 50 |

| 学习情景名称<br>典型工作任务 | | 教学要求 | | 参考<br>学时 |
|---|---|---|---|---|
| | | 知识内容及要求 | 能力内容及要求 | |
| 女士外套设计 | 情景二<br>资料分析 | 1. 了解文献资料的检索及查阅方法<br>2. 了解各类女士外套的基本知识<br>3. 了解并把握不同款式女士外套资料的用途 | 1. 能掌握文献资料的检索及查阅方法<br>2. 具备资料分析的能力<br>3. 运用各类资料的能力 | 50 |
| | 情景三<br>方案确定 | 1. 了解女士外套各类款式造型<br>2. 了解女士外套色彩搭配<br>3. 了解女士外套面料 | 1. 能进行女士外套的各类造型分析<br>2. 能进行色彩搭配和面料应用 | |
| | 情景四<br>方案表达 | 1. 了解并掌握各类女士外套款式设计的特点<br>2. 了解不同款式男士衬衫的造型、色彩、面料的运用 | 1. 具备绘制各类女士外套效果图的能力<br>2. 能进行不同色彩的表达和搭配<br>3. 绘制各类面料的能力 | |
| | 情景五<br>产品制作 | 1. 了解女士外套样板制作的步骤和要求<br>2. 了解女士外套基本款和变化式的样板制作方法及技巧<br>3. 了解女士外套的工艺流程 | 1. 能灵活应用女士外套基本款的结构作变化款式的结构设计<br>2. 能够独立完成女士外套变化款式的制板<br>3. 能够顺利完成女士外套变化款式的制作<br>4. 能处理女士外套工艺制作中出现的一般故障 | |
| 男士外套设计 | 情景一<br>市场调研 | 1. 了解各类品牌的男士外套<br>2. 了解针对各类男士外套市场调研的目的 | 1. 能搜集各类品牌男士外套资料能力<br>2. 能阅读资料和利用资料 | 60 |
| | 情景二<br>资料分析 | 1. 了解文献资料的检索及查阅方法<br>2. 了解各类男士外套的基本知识<br>3. 了解并把握不同款式男士外套资料的用途 | 1. 能掌握文献资料的检索及查阅方法<br>2. 具备资料分析的能力<br>3. 能运用各类资料 | |
| | 情景三<br>方案确定 | 1. 了解男士外套各类款式造型<br>2. 了解男士外套色彩搭配<br>3. 了解男士外套面料分析的能力 | 1. 能综合分析男士外套的各类造型分析<br>2. 能进行色彩搭配能力和面料应用能力 | |

续表

| 学习情景名称<br>典型工作任务 | | 教学要求 | | 参考<br>学时 |
|---|---|---|---|---|
| | | 知识内容及要求 | 能力内容及要求 | |
| 男士<br>外套<br>设计 | 情景四<br>方案表达 | 1. 了解并掌握各类男士外套款式设计的特点<br>2. 了解不同款式男士外套的造型、色彩、面料的运用 | 1. 具备绘制各类男士外套效果图的能力<br>2. 能进行不同色彩的表达和搭配<br>3. 能绘制各类面料 | 60 |
| | 情景五<br>产品制作 | 1. 了解男士外套样板制作的步骤和要求<br>2. 了解男士外套基本款和变化款式的样板制作方法及技巧<br>3. 了解男士外套的工艺流程 | 1. 能灵活应用男士外套基本款的结构作变化款式的结构设计<br>2. 能够独立完成男士变化款式外套的制板<br>3. 能够顺利完成男士变化款式外套的制作<br>4. 能处理男士外套工艺制作中出现的一般故障 | |

## 表5-3 能力训练项目设计

| 编号 | 能力训练<br>项目名称 | 拟实现的<br>能力目标 | 相关支撑<br>知识 | 训练方式<br>手段及步骤 | 学时<br>分配 |
|---|---|---|---|---|---|
| 1 | 裙装设计 | 1. 能灵活应用裙装造型、色彩、面料的设计原理<br>2. 能够独立完成变化款式裙装的制板<br>3. 能够顺利完成变化款式裙装的制作<br>4. 能处理工艺制作中出现的一般故障 | 1. 掌握裙装的设计原理<br>2. 掌握裙装基本款的结构设计原理和技巧<br>3. 熟悉服装样板制作的步骤和要求<br>4. 掌握裙装基本款和变化款式的样板制作方法及技巧<br>5. 熟悉裙装的工艺流程 | 1. 布置任务<br>2. 各小组讨论每种服装产品设计原理，造型、色彩、面料<br>3. 各组分别汇报设计方案<br>4. 学生提出异议、讨论<br>5. 教师点评，归纳总结<br>6. 完善设计方案<br>7. 制作实物<br>8. 小组自评、互评<br>9. 教师评价 | 30 |
| 2 | 裤装设计 | 1. 能灵活应用裤装造型、色彩、面料的设计原理<br>2. 能够独立完成变化款式裤装的制板<br>3. 能够顺利完成变化款式裤装的制作<br>4. 能处理工艺制作中出现的一般故障 | 1. 掌握裤装的设计原理<br>2. 掌握裤装基本款的结构设计原理和技巧<br>3. 熟悉裤装样板制作的步骤和要求<br>4. 掌握裤装基本款和变化款式的样板制作方法及技巧<br>5. 熟悉裤装的工艺流程 | | 40 |

续表

| 编号 | 能力训练项目名称 | 拟实现的能力目标 | 相关支撑知识 | 训练方式手段及步骤 | 学时分配 |
|---|---|---|---|---|---|
| 3 | 女士衬衫设计 | 1. 能把握女士衬衫的设计原理，掌握造型、色彩、面料款式的表达<br>2. 能够独立完成变化款式女士衬衫的制板<br>3. 能够顺利完成变化款式女士衬衫的制作<br>4. 能处理工艺制作中出现的一般故障 | 1. 掌握女士衬衫的设计原理<br>2. 掌握女士衬衫基本款的结构设计原理和技巧<br>3. 熟悉女士衬衫样板制作的步骤和要求<br>4. 掌握女士衬衫基本款和变化款式的样板制作方法及技巧<br>5. 熟悉女士衬衫的工艺流程 | 1. 布置任务<br>2. 各小组讨论每种服装产品设计原理，造型、色彩、面料<br>3. 各组分别汇报设计方案<br>4. 学生提出异议、讨论 | 40 |
| 4 | 男士衬衣设计 | 1. 能把握男士衬衫的设计原理，掌握造型、色彩、面料款式的表达<br>2. 能够独立完成变化款式男士衬衫的制板<br>3. 能够顺利完成变化款式男士衬衫的制作<br>4. 能处理工艺制作中出现的一般故障 | 1. 掌握男士衬衫的设计原理<br>2. 掌握男士衬衫基本款的结构设计原理和技巧<br>3. 熟悉男士衬衫样板制作的步骤和要求<br>4. 掌握男士衬衫基本款和变化款式的样板制作方法及技巧<br>5. 熟悉男士衬衫的工艺流程 | 5. 教师点评，归纳总结<br>6. 完善设计方案<br>7. 制作实物<br>8. 小组自评、互评<br>9. 教师评价 | 44 |
| 5 | 女士外套设计 | 1. 能把握女士外套的设计原理，掌握造型、色彩、面料款式的表达<br>2. 能够独立完成变化款式女士外套的制板<br>3. 能够顺利完成变化款式女士外套的制作<br>4. 能处理工艺制作中出现的一般故障 | 1. 掌握女士外套的设计原理<br>2. 掌握女士外套基本款的结构设计原理和技巧<br>3. 熟悉女士外套样板制作的步骤和要求<br>4. 掌握女士外套基本款和变化款式的样板制作方法及技巧<br>5. 熟悉女士外套的工艺流程 | | 50 |
| 6 | 男士外套设计 | 1. 能把握男士外套的设计原理，掌握造型、色彩、面料款式的表达<br>2. 能够独立完成变化款式男士外套的制板<br>3. 能够顺利完成变化款式女士外套的制作<br>4. 能处理工艺制作中出现的一般故障 | 1. 掌握男士外套的设计原理<br>2. 掌握男士外套基本款的结构设计原理和技巧<br>3. 熟悉男士外套样板制作的步骤和要求<br>4. 掌握男士外套基本款和变化款式的样板制作方法及技巧 | | 60 |

**（四）课程实施**

**1.教学方法**

项目的确立、制订和实施，需由主讲教师针对企业要求及相关部门的建议，提出整体思路，并与教学小组内的教师共同商议后，由教研室讨论通过。教师上课以指导性和引导性教学方式为主，指导学生认真分析该企业产品面向的消费群体，找出该消费群体消费需求特征，进行产品款式设计、结构设计，完成样品制作，提高实际工作的适应能力和应变能力。

（1）课程的教学方法主要以项目教学法、案例教学法，实现"教学做一体"，充分利用多媒体、网络等现代教学手段。

（2）在教学过程中，应立足于坚持学生实际操作能力的培养，采用项目教学，设计不同的活动，提高学生学习兴趣。

（3）本课程的教学关键是现场的"教"与"学"互动，教师示范，学生操作，学生提问，教师解答、指导。选用典型案例由教师讲解，示范操作，学生进行分组操作训练，让学生在操作过程中，掌握服装设计、服装制板、服装工艺的相关技能与要求。

（4）在教学过程中，要创设工作情景，同时应加强操作训练，使学生掌握服装设计的方法，掌握服装样板和工艺操作，并获得服装设计与定制工（高级）技能证书。

（5）在教学过程中要关注本专业领域新技术、新工艺、新设备、新材料的发展趋势，更贴近生产现场和时代要求，设计和制作的服装具有市场性。

**2.学习方法**

（1）本课程采用互动式教学，教师示范，学生操作，学生提问，教师解答、指导，以学生为主线。选用典型案例由教师讲解，示范操作，学生进行分组操作训练，让学生在操作过程中，掌握服装设计、服装制板、服装工艺的相关技能与要求。

（2）创设工作情景，加强学生操作训练，使学生掌握服装设计的方法，掌握服装样板和工艺操作。

**3.教材编写选用**

（1）必须依据本课程标准编写教材。

（2）教材应充分体现任务引领实践导向的课程设计思想，以工作任务为主线设计教材结构。

（3）教材在内容上应简洁实用，还应把服装生产中的新知识、新技术、新方法融入教材，顺应岗位需要。

（4）教材应以学生为本，文字通俗、表达简练，内容展现应图文并茂，图例与案例应引起学生的兴趣，重在提高学生学习的主动性和积极性。

（5）教材中注重实践内容的可操作性，强调在操作中理解与应用理论。

**4. 教学资源开发与利用**

（1）常用课程资源的开发和利用。挂图、幻灯片、投影、录像、多媒体课件等资源有利于创设形象生动的学习环境，激发学生的学习兴趣，促进学生对知识的理解和掌握。建议加强常用课程资源的开发，建立多媒体课程资源的数据库，努力实现跨学校的多媒体资源共享。

（2）积极开发和利用网络课程资源。充分利用网络资源、教育网站等信息资源，使教学媒体从单一媒体向多媒体转变；使教学活动从信息的单向传递向双向交换转变；使学生从单独学习向合作学习转变。

（3）产学合作开发实验实训课程资源。充分利用本行业典型的生产企业的资源，加强产学合作，建立实习实训基地，满足学生的实习实训，在此过程中进行实验实训课程资源的开发。

（4）建立开放式实验实训中心。建立开放式实验实训中心，使之具备职业技能证书考证、实验实训、现场教学的功能，将教学与培训合一，教学与实训合一，满足学生综合职业能力培养的要求。

**5. 教学条件**

（1）师资力量。采用校内外教师相结合。

（2）实训条件。校内服装工艺实训室、服装制板室、服装设计工作室、服装设计中心、满足课堂教学做一体需求；校外对应企业，可提供真实项目，满足现场参观考察需要。

（3）其他。图书馆大量的图书资料、时尚期刊，电子阅览室满足学生及时了解、搜集时尚信息的需要。

**(五) 教学评价、考核要求**

(1) 突出项目制作过程的评价，使学生在课堂有独立进行生产性实训的机会，在设计项目工作中出现的困难和问题可以自己克服、处理。加强实践性教学环节的考核，并注重平时积分，平时成绩占总成绩的20%，其中包括考勤占10%，学习态度占10%。

(2) 强调项目成果评价（表5-4），占总成绩的80%，项目成果的评价由企业专家与教师共同完成，注重项目成果的实用性。

**表5-4 教学评价、考核要求表**

| 项目评价 | | 服装廓型设计和部件设计 | | | 服装色彩设计 | | | 服装面料设计 | | | 服装图案设计 | | | 总体评价 | | |
|---|---|---|---|---|---|---|---|---|---|---|---|---|---|---|---|---|
| | | A | B | C | A | B | C | A | B | C | A | B | C | A | B | C |
| 自我评价 | | | | | | | | | | | | | | | | |
| 同学评价 | 1组 | | | | | | | | | | | | | | | |
| | 2组 | | | | | | | | | | | | | | | |
| | 3组 | | | | | | | | | | | | | | | |
| | 4组 | | | | | | | | | | | | | | | |
| | 5组 | | | | | | | | | | | | | | | |
| | 6组 | | | | | | | | | | | | | | | |
| 教师评价 | 1组 | | | | | | | | | | | | | | | |
| | 2组 | | | | | | | | | | | | | | | |
| | 3组 | | | | | | | | | | | | | | | |
| | 4组 | | | | | | | | | | | | | | | |
| | 5组 | | | | | | | | | | | | | | | |
| | 6组 | | | | | | | | | | | | | | | |

## 二、服装结构设计课程标准

**(一) 课程定位与设计**

**1. 课程定位**

服装结构设计是高职教育服装专业的核心课程，它由构成服装的各个局部入手，分类研究构成原理和变化技法，并最终由局部过渡到服装整体，从而形成系统的服装结构设计理论与实用技术，是连接工艺制作与外观设计的中间媒介。

该课程通过系统的理论讲授和大量的款式练习，使学生能理解服装的构成原理，掌握服装结构变化的规律，掌握各类服装的结构设计要点，熟练运用服装"立体形态"与"平面制图"的转化关系，达到以结构准确地体现外观设计，并通过服装结构拓宽外观设计思路的目的；培养学生的三维造型能力、设计与生产相结合能力，为进入产品设计打下良好的基础。

**2. 课程设计**

打破以知识为主线的传统课程模式，转变为以能力为主线的任务引领型课程模式，从一个更直观、更容易被高职学生理解与掌握的角度安排课程内容。打破以往设计与结构制板、工艺课程相分离的模式，将服装产品设计表达分为三大模块进行，包括下装类产品模块、衬衫类产品模块、外套类产品模块。三大模块所必须掌握的技能要求，紧紧围绕完成工作任务的需要，承前启后，逐步递进。在教学实施中，根据三大模块所必须掌握的知识和技能设计各个具有针对性、实用性、可操作性的活动，通过这些活动的进行，完成教与学的过程。

**(二) 课程目标**

通过任务引领的项目教学活动，使学生掌握服装结构设计工作中必备的知识、工作规范、工作流程、操作技能和技巧。

**1. 技术知识目标**

通过本课程的学习，学生能够掌握服装结构设计的基本规范，掌握服装结构制图的基本方法和变化规律，掌握理解服装结构设计原理，掌握服装结构制图的操作技能和技巧。

**2. 职业能力目标**

通过本课程的学习，学生能够运用所学的制图基本原理和基础知识，根据制图规范，独立完成各类服装样板的制作和结构的设计。

**3. 职业素质目标**

通过在平时的练习中训练学生具备严谨、精细的工作态度，科学、规范的工作作风，通过项目课程的实施提高学生的方法能力、学习能力、交流能力，促进学生专业能力、社会能力、个性能力的形成。

## (三) 课程内容及教学要求

本课程贯穿第一到第四学期，通过三大项目完成教学目标，主要包括结构设计的基本知识、下装结构制图、衬衫结构制图、外套结构制图内容。具体要求见表5-5~表5-7。

表5-5 课程整体内容

| 序号 | 模块名称 | 学时 |
|---|---|---|
| 1 | 下装类产品设计模块 | 55 |
| 2 | 衬衫类产品设计模块 | 65 |
| 3 | 外套类产品设计模块 | 72 |
| | 合计 | 192 |

表5-6 课程具体内容与教学要求

| 序号 | 项目一 | 项目二 | 项目三 | |
|---|---|---|---|---|
| 教学项目名称 | 下装类产品设计模块 | 衬衫类产品设计模块 | 外套类产品设计模块 | |
| 学时分配 | 55 | 65 | 72 | |
| 学时合计：192学时<br>（其中实践教学学时比例为63%） | | | 理论学时 | 72 |
| | | | 实践学时 | 120 |

表5-7 能力训练项目设计

| 编号 | 能力训练项目名称 | 子项目编号、名称 | 能力目标 | 知识目标 | 训练方式、手段及步骤 | 可展示的结果和验收的标准 |
|---|---|---|---|---|---|---|
| 项目1 | 下装类产品设计模块 | 1.裙装 | 1.量体、分析结构、确定号型及放松量 | 能根据款式图、效果图分析款式特点，能把握规格尺寸 | 了解裙装量体方法，理解款式图，掌握尺寸规格及放松量的制订方法 | 讲解裙装量体方法与要点，分析款式图得到结构设计要素，根据款式确定裙装放松量及规格尺寸 | 裙装制图尺寸规格表 |
| | | | 2.进行裙装纸样的设计与绘制 | 能独立完成裙装纸样的设计与制图 | 理解腰省的确定原理，掌握裙装的制图方法 | 裙装基本型的讲解，进行裙装纸样的设计，进行纸样的绘制 | 1:1裙装净样图 |

续表

| 编号 | 能力训练项目名称 | 子项目编号、名称 | | 能力目标 | 知识目标 | 训练方式、手段及步骤 | 可展示的结果和验收的标准 |
|------|------|------|------|------|------|------|------|
| 项目1 | 下装类产品设计模块 | 1.裙装 | 3.裙装纸样的放缝 | 能确定各部位缝份，并能独立对裙装净样进行放缝 | 了解裙装各部位放缝的依据，掌握放缝的方法 | 分析裙装各部位放缝尺寸，进行净样的放缝 | 1：1裙装毛样图 |
| | | 2.裤装 | 1.量体、分析结构、确定号型及放松量 | 能根据款式图、效果图分析款式特点，能把握规格尺寸 | 了解裤装量体方法；理解裤装款式图；掌握尺寸规格及放松量的制订方法 | 讲解裤装量体方法与要点，分析款式图得到结构设计要素，根据款式确定裤装放松量及规格尺寸 | 裤装制图尺寸规格表 |
| | | | 2.进行裤装纸样的设计与绘制 | 能独立完成裤装纸样的制图 | 理解腰省和横裆的确定原理、腰臀关系的处理方法，掌握裤装纸样的制图方法 | 裤装基本型的讲解，进行裤装纸样的设计，进行纸样的绘制 | 1：1裤装净样图 |
| | | | 3.裤装纸样的放缝 | 能确定各部位缝份，并能独立对裤装净样进行放缝 | 了解裤装各部位放缝的依据，掌握放缝的方法 | 分析裤装各部位放缝尺寸，进行净样的放缝 | 1：1裤装毛样图 |
| 项目2 | 衬衫类产品设计模块 | 1.男衬衫 | 1.量体、分析结构、确定号型及放松量 | 能根据款式图、效果图分析款式特点，能把握规格尺寸 | 理解男衬衫款式图，掌握尺寸规格及放松量的制订方法 | 讲解男衬衫量体方法与要点，分析款式图得到结构设计要素，根据款式确定男衬衫放松量及规格尺寸 | 男衬衫制图尺寸规格表 |
| | | | 2.进行男衬衫纸样的设计与绘制 | 能独立完成男衬衫纸样的设计和制图 | 理解过肩、宽松一片袖和衬衫领的确定原理，掌握男衬衫的制图方法 | 男衬衫基本型的讲解，进行男衬衫纸样的设计，进行纸样的绘制 | 1：1男衬衫净样图 |
| | | | 3.衬衫纸样的放缝 | 能确定各部位缝份，并能独立对男衬衫净样进行放缝 | 了解男衬衫各部位放缝的依据，掌握放缝的方法 | 分析男衬衫各部位放缝尺寸，进行净样的放缝 | 1：1男衬衫毛样图 |

续表

| 编号 | 能力训练项目名称 | 子项目编号、名称 | 能力目标 | 知识目标 | 训练方式、手段及步骤 | 可展示的结果和验收的标准 |
|---|---|---|---|---|---|---|
| 项目2 | 衬衫类产品设计模块 | 2.女衬衫 | | | | |
| | | 1.量体、分析结构、确定号型及放松量 | 能根据款式图、效果图分析款式特点，能把握规格尺寸 | 理解女衬衫款式图，掌握尺寸规格及放松量的制订方法 | 讲解女衬衫量体方法与要点，分析款式图得到结构设计要素，根据款式确定女衬衫放松量及规格尺寸 | 女衬衫制图尺寸规格表 |
| | | 2.进行女衬衫纸样的设计与绘制 | 能独立完成女衬衫纸样的设计与制图 | 理解胸省转移、衬衫领、紧身一片袖的原理，掌握女衬衫的制图方法 | 女衬衫基本型的讲解，进行女衬衫装纸样的设计，进行女衬衫纸样的绘制 | 1:1女衬衫净样图 |
| | | 3.女衬衫纸样的放缝 | 能确定各部位缝份，并能独立对女衬衫净样进行放缝 | 了解女衬衫各部位放缝的依据，掌握放缝的方法 | 分析女衬衫各部位放缝尺寸，进行净样的放缝 | 1:1女衬衫毛样图 |
| 项目3 | 外套类产品设计模块 | 1.男西装 | | | | |
| | | 1.量体、分析结构、确定号型及放松量 | 能根据款式图、效果图分析款式特点，能把握规格尺寸 | 了解男西装量体方法；理解款式图；掌握尺寸规格及放松量的制订方法 | 讲解男西装量体方法与要点，分析款式图得到结构设计要素，根据款式确定男西装放松量及规格尺寸 | 男西装制图尺寸规格表 |
| | | 2.进行男西装纸样的设计与绘制 | 能独立完成男西装纸样的设计与制图 | 理解驳领、两片袖、腰省的确定原理，掌握男西装的制图方法 | 男西装基本型的讲解，进行男西装纸样的设计，进行纸样的绘制 | 1:1男西装净样图 |
| | | 3.男西装纸样的放缝 | 能确定各部位缝份，并能独立对男西装净样进行放缝 | 了解男西装各部位放缝的依据，掌握放缝的方法 | 分析男西装各部位放缝尺寸，进行净样的放缝 | 1:1男西装毛样图 |

续表

| 编号 | 能力训练项目名称 | 子项目编号、名称 | 能力目标 | 知识目标 | 训练方式、手段及步骤 | 可展示的结果和验收的标准 |
|---|---|---|---|---|---|---|
| 项目3 | 外套类产品设计模块 | 2.女西装 | 1.量体、分析结构、确定号型及放松量<br>能根据款式图、效果图分析款式特点，能把握规格尺寸 | 了解女西装量体方法，理解款式图，掌握尺寸规格及放松量的制订方法 | 讲解女西装量体方法与要点，分析款式图得到结构设计要素，根据款式确定女西装放松量及规格尺寸 | 女西装制图尺寸规格表 |
| | | | 2.进行女西装纸样的设计与绘制<br>能独立完成女西装纸样的设计与制图 | 理解驳领、两片袖、胸省转移的原理，掌握女西装的制图方法 | 女西装基本型的讲解，进行女西装纸样的设计，进行纸样的绘制 | 1：1女西装净样图 |
| | | | 3.女西装纸样的放缝<br>能确定各部位缝份，并能独立对女西装净样进行放缝 | 了解女西装各部位放缝的依据，掌握放缝的方法 | 分析女西装各部位放缝尺寸，进行净样的放缝 | 1：1女西装毛样图 |

## （四）课程实施

### 1. 教学方法

主要实施项目教学法。

（1）课堂讲授。明确每堂课的知识要点，提出问题，启发学生的想象力，结合电子课件，对授课内容逐一讲授，力求使教学内容直观易懂。

（2）课堂示范。教师课堂进行操作示范，加深学生对课堂讲授的理解，激发学生的想象力和创造力。

（3）课堂练习辅导。需要学生掌握的知识，除了课堂上"听"和"看"老师示范外，更重要的是学生自己动手，在老师的辅导下进行操作练习，提高动手能力。

（4）案例教学。通过欣赏经典的、优秀的设计作品，扩大学生的视野。

### 2. 学习方法

建议采用探究型学习、自主性学习、小组合作学习等。

**3. 教材编写选用**

必须依据本课程标准编写教材。

（1）教材应充分体现任务引领、实践导向的课程设计思想，以工作任务为主线设计教材结构。

（2）教材在内容上应简洁实用，还应把结构设计的新知识、新技术、新方法融入教材，顺应岗位需要。

（3）教材应以学生为本，文字通俗、表达简练，内容展现应图文并茂，图例与案例应能引起学生的兴趣，重在提高学生学习的主动性和积极性。

（4）教材中注重实践内容的可操作性，强调在操作中理解与应用理论。

**4. 教学资源开发与利用**

（1）常用课程资源的开发和利用。挂图、幻灯片、投影、录像、多媒体课件等资源有利于创设形象生动的学习环境，激发学生的学习兴趣，促进学生对知识的理解和掌握。建议加强常用课程资源的开发，建立多媒体课程资源的数据库，努力实现跨学校的多媒体资源共享。

（2）积极开发和利用网络课程资源。充分利用网络资源、教育网站等信息资源，使教学媒体从单一媒体向多媒体转变；使教学活动从信息的单向传递向双向交换转变；使学生从单独学习向合作学习转变。

（3）产学合作开发实验实训课程资源。充分利用本行业典型的生产企业的资源，加强产学合作，建立实习实训基地，满足学生的实习实训，在此过程中进行实验实训课程资源的开发。

（4）建立开放式实训中心。建立开放式实训中心，使之具备职业技能证书考证、实验实训、现场教学的功能，将教学与培训合一，教学与实训合一，满足学生综合职业能力培养的要求。

**5. 教学条件**

校内教室及实训基地配置要满足项目课程教学的需要，实训设备与学生数相匹配，实训室的设计既要有企业现场情境，又要考虑教学功能的实际需要。

基本功能配置：制图打板台、裁剪台、标准立裁人台。

**6. 师资条件**

本课程专任教师在职称结构、年龄结构、学员结构等方面要合理。专任教师所学专业知识覆盖范围要广，包括服装设计、服装工程、服装营销。

教学中应鼓励专任教师到企业兼职，教师与服装企业保持密切联系，加大双师型教师比例。同时，本课程注重引进企业设计师和工程师，充实教师队伍，他们不仅要在服装企业有较高的威望，同时还要有较强的教学能力，结合企业运行模式，将新技术、新理念注入到服装结构设计课程的实训教学环节中。

**(五) 教学评价、考核要求**

**1. 教学评价**

项目教学更加注重活动的过程，要把过程评价与终结评价结合，注重过程评价，学生自评、互评与教师评价结合，课内与课外评价结合。关注多元性评价，结合课堂考核、书面作业、技能操作、小组活动、企业实践、社会调查、口头答辩、书面考试等多种形式进行综合评价（表5-8）。

表5-8　课程评价表

| 项目评价 | | 纸样设计 | | | 样板制作 | | | 版面设计展示效果 | | | 学习效果 | | | 总体评价 | | |
|---|---|---|---|---|---|---|---|---|---|---|---|---|---|---|---|---|
| | | 优 | 良 | 合格 | 优 | 良 | 合格 | 优 | 良 | 合格 | 优 | 良 | 合格 | 优 | 良 | 合格 |
| 自我评价 | | | | | | | | | | | | | | | | |
| 同学评价 | 1组 | | | | | | | | | | | | | | | |
| | 2组 | | | | | | | | | | | | | | | |
| | 3组 | | | | | | | | | | | | | | | |
| | 4组 | | | | | | | | | | | | | | | |
| | 5组 | | | | | | | | | | | | | | | |
| | 6组 | | | | | | | | | | | | | | | |
| 教师评价 | 1组 | | | | | | | | | | | | | | | |
| | 2组 | | | | | | | | | | | | | | | |
| | 3组 | | | | | | | | | | | | | | | |
| | 4组 | | | | | | | | | | | | | | | |
| | 5组 | | | | | | | | | | | | | | | |
| | 6组 | | | | | | | | | | | | | | | |

**2. 考核要求**

主要综合考虑两个方面，一是基本知识掌握情况和平时的表现情况，二是项目设计方案的完成质量。

其中：小组出勤率 2.5%；小组上课纪律 2.5%；小组回答问题情况 2.5%；小组团队协作能力 2.5%；小组专业表达能力 2.5%；每组课内项目完成情况 40%；每组课外项目完成情况 35%；小组职业素养遵守情况 2.5%；小组自主学习能力 10%。

## 三、服装工艺设计课程标准

### （一）课程定位与设计

**1. 课程定位**

本课程是高等职业院校服装设计专业的一门专业核心课程，是继"服装设计""服装结构设计"课程的后续课程，也是为后续毕业设计等打下基础的重要课程之一。

本课程的任务是依据岗位对接技能的要求设置教学项目，旨在使学生通过学习能够掌握整件服装生产过程的各个环节，从而能够独立完成服装工艺的缝制以及工艺设计，为使学生成为合格的服装专业人才打下基础。

**2. 课程设计**

本课程为适应服装行业生产岗位的需求，工学结合，实施项目化教学，注重岗位能力的训练，打破以知识为主线的传统课程模式，转变为以能力为主线的任务引领型课程模式，打破以往设计与结构制板、工艺课程相分离的模式，将服装产品设计表达分为三大模块进行，包括下装类产品模块、衬衫类产品模块、外套类产品模块。三大模块所必须掌握的技能要求，紧紧围绕完成工作任务的需要，承前启后，逐步递进。

本课程建议课时数 208，其中实训课时数 128，理论课时数 80，共计 13学分。

### （二）课程目标

通过任务引领的项目教学活动，让学生掌握服装工艺的必备知识、工艺规范、工艺流程、操作技能与操作技巧；结合服装工业现实与发展需求，强化学生技术与设备的应用能力；能对所学知识进行系统的分析归纳，做到由基础部件练习到组装下装成衣，再到外套类复杂工艺制作的训练；能把所需知识与技巧运用到工艺设计中，完成服装生产中的二次设计。

**1. 技术知识目标**

通过本课程学习，了解服装各种专业术语和符号的运用；了解服装工艺的基础知识，掌握各类服装的工艺流程，各部位质量要求，基本缝制方法，以及各种缝制技巧。

**2. 职业能力目标**

通过基础知识模块、下装模块、衬衫模块、外套模块等项目的学习，运用所学知识与掌握的设备，独立完成下装、衬衫、外套类服装的缝制，并符合基本要求；能了解服装工艺中所出现质量问题的原因并提出相应的解决方法与技巧，巩固和深化所学专业知识。

**3. 职业素质目标**

在整体教学中培养学生良好的职业道德和品质修养，高度的责任心和团结协作能力；具有敬业精神、精益求精、勤俭节约的品质；让学生关注现代服装新材料、新工艺的发展，树立学生终生学习、勇于创新的理念；引导学生诚实守信的人生观，提高学生的学习能力、交流能力、专业能力，能较快适应生产、管理等一线岗位的实际工作需要。

**(三) 课程内容及教学要求**

本课程贯穿第一至第四学期，主要内容有服装工艺基础知识、下装缝制工艺、衬衫缝制工艺、外套缝制工艺。具体内容见表5-9~表5-11。

表5-9 课程整体内容

| 序号 | 模块名称 | 学时 |
|---|---|---|
| 1 | 服装工艺设计基础模块 | 32 |
| 2 | 下装类产品工艺设计模块 | 48 |
| 3 | 衬衫类产品工艺设计模块 | 64 |
| 4 | 外套类产品工艺设计模块 | 64 |
| 合　计 | | 208 |

表 5-10 课程具体内容与教学要求

| 教学项目名称 | 典型工作任务（模块/单元） | 教学要求 | | 参考学时 |
|---|---|---|---|---|
| | | 能力内容及要求 | 知识内容及要求 | |
| 项目1 服装工艺设计基础模块 | 1. 服装专业术语 | 能了解并区分各衣片、步骤等术语 | 了解专业术语在行业的重要性 | 1 |
| | 2. 服装专业符号 | 能熟练画出常用专业符号 | 了解符号的意义与重要性 | 1 |
| | 3. 常用针法在服装上的应用 | 能熟练使用手缝针，独立完成12种手缝针法的练习 | 了解12种针法在服装各环节的应用 | 4 |
| | 4. 平缝机知识与操作 | 能较熟练使用平缝机，缝制衣服时转角、圆弧、直线控制操作自如，独立完成11种平缝缝型针法的练习 | 了解平缝机的基本构造和操作规范，了解操作安全知识，了解11种针法的应用 | 14 |
| 项目2 | 1. 女裙缝制工艺 | | | |
| | 1. 女裙样板裁剪 | 样板加放缝，检验相关缝份间的合格数据，独立裁剪样板 | 放缝的要求，各数据间的关系 | 1 |
| | 2. 排料裁剪女裙布料及辅料 | 独立依据样板裁剪女裙，并做好相应标记，配好其他辅料 | 讲解丝缕方向、面料使用、标记的制作与位置、各部位的辅料使用 | 2 |
| | 3. 女裙的缝制基础知识 | 能够根据款式写出女裙的工艺流程 | 了解基本款式女裙的工艺流程、质量要求、技术参数、重难点等 | 1 |
| | 4. 女裙的缝制工艺 | 独立完成女裙作品的缝制 | 了解女裙各部分的缝制要点以及各种缝型的运用 | 6 |
| | 5. 女裙的熨烫 | 完成女裙的整烫 | 了解各部位的熨烫要点注意事项以及熨烫要求 | 1 |
| | 6. 女裙的总质检 | 能够找出所做女裙的问题并加以修改 | 了解女裙各环节的质量要求、成品质量要求 | 1 |
| | 2. 男西裤缝制工艺 | | | |
| | 1. 男西裤样板裁剪 | 样板加放缝，检验相关缝份间的合格数据，独立裁剪样板 | 放缝的要求，各数据间的关系 | 2 |
| | 2. 排料裁剪男西裤布料及辅料 | 独立依据样板裁剪男西裤，并做好相应标记，配好其他辅料 | 讲解丝缕方向、面料使用、标记的制作与位置、各部位的辅料使用 | 2 |
| | 3. 男西裤的缝制基础知识 | 能够根据款式写出男西裤的工艺流程 | 了解基本款式男西裤的工艺流程、质量要求、技术参数、重难点等 | 2 |
| | 4. 男西裤的缝制工艺 | 独立完成男西裤作品的缝制 | 了解男西裤各部分的缝制要点以及各种缝型的运用 | 22 |
| | 5. 男西裤的熨烫 | 完成男西裤的整烫 | 了解各部位的熨烫要点注意事项以及熨烫要求 | 2 |
| | 6. 男西裤的总质检 | 能够找出所做男西裤的问题并加以修改 | 了解男西裤各环节的质量要求、成品质量要求 | 2 |

| 教学项目名称 | 典型工作任务（模块/单元） | 教学要求 | | 参考学时 |
|---|---|---|---|---|
| | | 能力内容及要求 | 知识内容及要求 | |
| 项目3 | 1.女衬衫缝制工艺 | 1.女衬衫样板裁剪 | 样板加放缝，检验相关缝份间的合格数据，独立裁剪样板 | 放缝的要求，各数据间的关系 | 2 |
| | | 2.排料裁剪女衬衫布料及辅料 | 独立依据样板裁剪女衬衫，并做好相应标记，配好其他辅料 | 讲解丝缕方向、面料使用、标记的制作与位置、各部位的辅料使用 | 2 |
| | | 3.女衬衫的缝制基础知识 | 能够根据款式写出女衬衫的工艺流程 | 了解基本款式女衬衫的工艺流程、质量要求、技术参数、重难点等 | 2 |
| | | 4.女衬衫的缝制工艺 | 独立完成女衬衫作品的缝制 | 了解女衬衫各部分的缝制要点以及各种缝型的运用 | 22 |
| | | 5.女衬衫的熨烫 | 完成女衬衫的整烫 | 了解各部位的熨烫要点注意事项以及熨烫要求 | 2 |
| | | 6.女衬衫的总质检 | 能够找出所做女衬衫的问题并加以修改 | 了解女衬衫各环节的质量要求、成品质量要求 | 2 |
| | 2.男衬衫缝制工艺 | 1.男衬衫样板裁剪 | 样板加放缝，检验相关缝份间的合格数据，独立裁剪样板 | 放缝的要求，各数据间的关系 | 2 |
| | | 2.排料裁剪男衬衫布料及辅料 | 独立依据样板裁剪男衬衫，并做好相应标记，配好其他辅料 | 讲解丝缕方向、面料使用、标记的制作与位置、各部位的辅料使用 | 2 |
| | | 3.男衬衫的缝制基础知识 | 能够根据款式写出男衬衫的工艺流程 | 了解基本款式男衬衫的工艺流程、质量要求、技术参数、重难点等 | 2 |
| | | 4.男衬衫的缝制工艺 | 独立完成男衬衫作品的缝制 | 了解男衬衫各部分的缝制要点以及各种缝型的运用 | 22 |
| | | 5.男衬衫的熨烫 | 完成男衬衫的整烫 | 了解各部位的熨烫要点注意事项以及熨烫要求 | 2 |
| | | 6.男衬衫的总质检 | 能够找出所做男衬衫的问题并加以修改 | 了解男衬衫各环节的质量要求、成品质量要求 | 2 |

续表

| 教学项目名称 | 典型工作任务<br>（模块/单元） | 教学要求 | | 参考学时 |
|---|---|---|---|---|
| | | 能力内容及要求 | 知识内容及要求 | |
| 项目4 | 1. 男西服样板裁剪 | 样板加放缝，检验相关缝份间的合格数据，独立裁剪样板 | 放缝的要求，各数据间的关系 | 4 |
| | 2. 排料裁剪男西服布料及辅料 | 独立依据样板裁剪男西服，并做好相应标记，配好其他辅料 | 讲解丝缕方向、面料使用、标记的制作与位置、各部位的辅料使用 | 6 |
| | 3. 男西服的缝制基础知识 | 能够根据款式写出男西服的工艺流程 | 了解基本款式男西服的工艺流程、质量要求、技术参数、重难点等 | 4 |
| | 4. 男西服的缝制工艺 | 独立完成男西服作品的缝制 | 了解男西服各部分的缝制要点以及各种缝型的运用 | 44 |
| | 5. 男西服的熨烫 | 完成男西服的整烫 | 了解各部位的熨烫要点注意事项以及熨烫要求 | 4 |
| | 6. 男西服的总质检 | 能够找出所做男西服的问题并加以修改 | 了解男西服各环节的质量要求、成品质量要求 | 2 |

表 5-11 能力训练项目设计

| 能力训练项目名称 | | 拟实现的能力目标 | 相关支撑知识 | 训练方式手段及步骤 | 学时分配 |
|---|---|---|---|---|---|
| 项目1<br>服装工艺设计基础模块 | | 1. 能了解并区分各衣片、步骤等术语<br>2. 能熟练画出常用专业符号<br>3. 能熟练使用手缝针，独立完成12种手缝针法的练习<br>4. 能较熟练使用平缝机，转角、圆弧、直线控制操作自如，独立完成11种平缝缝型针法的练习 | 1. 专业术语在行业的重要性<br>2. 符号的意义与重要性<br>3. 12种针法在服装各环节的应用<br>4. 了解平缝机的基本构造和操作规范<br>5. 了解操作安全知识，了解11种针法的应用 | 1. 书写、熟记、讲解专业术语的应用<br>2. 书写、熟记、讲解专业符号在各个环节的应用<br>3. 讲解、示范、辅导、训练、作业<br>4. 讲解、示范、辅导、训练11种缝型 | 20 |
| 项目2<br>下装类产品工艺设计模块 | 1.女裙缝制工艺 | 1. 样板加放缝，检验相关缝份间的合格数据，独立裁剪样板；独立依据样板裁剪女裙，并做好相应标记，配好其他辅料<br>2. 能够根据款式写出女裙的工艺流程 | 1. 放缝的要求，各数据间的关系<br>2. 丝缕方向，面料使用，标记的制作与位置，各部位的辅料使用 | 1. 样板检验标准<br>2. 裁剪女裙的操作，及相关标记 | 12 |

续表

| 能力训练项目名称 | | 拟实现的能力目标 | 相关支撑知识 | 训练方式手段及步骤 | 学时分配 |
|---|---|---|---|---|---|
| 项目2<br>下装类产品工艺设计模块 | 1.女裙缝制工艺 | 3.独立完成女裙作品并有工艺设计内容,完成女裙的整烫<br>4.能够找出所做女裙的问题并加以修改 | 3.基本款式女裙的工艺流程、质量要求、技术参数、重难点等<br>4.女裙各部分的缝制要点以及各种缝型的运用<br>5.各部位的熨烫要点注意事项以及熨烫要求<br>6.女裙各环节的质量要求、成品质量要求 | 3.女裙工艺流程及女裙的缝制<br>4.熨烫手法以及操作要领<br>5.依据质量要求分析评判女裙成品 | 12 |
| | 2.男西裤缝制工艺 | 1.样板加放缝,检验相关缝份间的合格数据<br>2.独立裁剪样板<br>3.独立依据样板裁剪男西裤,并做好相应标记,配好其他辅料<br>4.能够根据款式写出男西裤的工艺流程<br>5.独立完成男西裤作品的缝制,完成男西裤的整烫<br>6.能够找出所做男西裤的问题并加以修改 | 1.放缝的要求,各数据间的关系<br>2.丝缕方向,面料使用,标记的制作与位置,各部位的辅料使用<br>3.基本款式男西裤的工艺流程、质量要求、技术参数、重难点等<br>4.男西裤各部分的缝制要点以及各种缝型的运用<br>5.各部位的熨烫要点注意事项以及熨烫要求<br>6.男西裤各环节的质量要求、成品质量要求 | 1.分析怎样检验样板的合格<br>2.分析裁剪男西裤的操作,分析相关标记的重要性等<br>3.分析工艺流程,分析重点部位、难点部位<br>4.依据男西裤工艺流程示范辅导缝制男西裤<br>5.熨烫手法以及操作要领<br>6.质量要求分析评判男西裤成品 | 32 |
| 项目3<br>衬衫类产品工艺设计模块 | 1.女衬衫缝制工艺 | 1.样板加放缝,检验相关缝份间的合格数据,独立裁剪样板<br>2.独立依据样板裁剪女衬衫,并做好相应标记,配好其他辅料<br>3.能够根据款式写出女衬衫的工艺流程<br>4.独立完成女衬衫作品的缝制,完成女衬衫的整烫<br>5.能够找出所做女衬衫的问题并加以修改 | 1.放缝的要求,各数据间的关系<br>2.丝缕方向,面料使用,标记的制作与位置,各部位的辅料使用<br>3.基本款式女衬衫的工艺流程、质量要求、技术参数、重难点等<br>4.女衬衫各部分的缝制要点以及各种缝型的运用<br>5.各部位的熨烫要点注意事项以及熨烫要求<br>6.女衬衫各环节的质量要求、成品质量要求 | 1.分析示范怎样检验样板的合格<br>2.分析示范裁剪女衬衫的操作,分析相关标记的重要性等<br>3.分析讲解工艺流程、分析重点部位、难点部位<br>4.依据写出的女衬衫工艺流程示范辅导缝制女衬衫<br>5.分析示范熨烫手法以及操作要领<br>6.依据质量要求分析评判女衬衫成品 | 30 |

| 能力训练项目名称 | | 拟实现的能力目标 | 相关支撑知识 | 训练方式手段及步骤 | 学时分配 |
|---|---|---|---|---|---|
| 项目3衬衫类产品工艺设计模块 | 2.男衬衫缝制工艺 | 1.样板加放缝，检验相关缝份间的合格数据，独立裁剪样板 2.独立依据样板裁剪男衬衫，并做好相应标记，配好其他辅料 3.能够根据款式写出男衬衫的工艺流程 4.独立完成男衬衫作品的缝制，完成男衬衫的整烫 5.能够找出所做男衬衫的问题并加以修改 | 1.放缝的要求，各数据间的关系 2.丝缕方向，面料使用，标记的制作与位置，各部位的辅料使用 3.基本款式男衬衫的工艺流程、质量要求、技术参数、重难点等 4.男衬衫各部分的缝制要点以及各种缝型的运用 5.各部位的熨烫要点注意事项以及熨烫要求 6.男衬衫各环节的质量要求，成品质量要求 | 1.分析示范怎样检验样板的合格 2.分析示范裁剪男衬衫的操作，分析相关标记的重要性等 3.分析讲解工艺流程，分析重点部位、难点部位 4.依据写出的男衬衫工艺流程，示范辅导缝制男衬衫 5.分析示范熨烫手法以及操作要领 6.依据质量要求分析评判男衬衫成品 | 34 |
| 项目4外套类产品工艺设计模块 | 1.男西服缝制工艺 | 1.样板加放缝，检验相关缝份间的合格数据，独立裁剪样板 2.独立依据样板裁剪男西服，并做好相应标记，配好其他辅料 3.能够根据款式写出男西服的工艺流程 4.独立完成男西服作品的缝制，完成男西服的整烫 5.能够找出所做男西服的问题并加以修改 | 1.放缝的要求，各数据间的关系 2.丝缕方向，面料使用，标记的制作与位置，各部位的辅料使用 3.基本款式男西服的工艺流程、质量要求、技术参数、重难点等 4.男西服各部分的缝制要点以及各种缝型的运用 5.各部位的熨烫要点注意事项以及熨烫要求 6.男西服各环节的质量要求，成品质量要求 | 1.分析示范怎样检验样板的合格 2.分析示范裁剪男西服的操作，分析相关标记的重要性等 3.分析讲解工艺流程，分析重点部位、难点部位 4.依据写出的男西服工艺流程示范辅导缝制男西服 5.分析示范熨烫手法以及操作要领 6.依据质量要求分析评判男西服成品 | 64 |
| | 2.女西服缝制工艺 | 1.样板加放缝，检验相关缝份间的合格数据，独立裁剪样板 2.独立依据样板裁剪女西服，并做好相应标记，配好其他辅料 3.能够根据款式写出女西服的工艺流程 4.独立完成女西服作品的缝制，完成女西服的整烫 5.能够找出所做女西服的问题并加以修改 | 1.放缝的要求，各数据间的关系 2.丝缕方向，面料使用，标记的制作与位置，各部位的辅料使用 3.基本款式女西服的工艺流程、质量要求、技术参数、重难点等 4.女西服各部分的缝制要点以及各种缝型的运用 5.各部位的熨烫要点注意事项以及熨烫要求 6.女西服各环节的质量要求，成品质量要求 | 1.分析示范怎样检验样板的合格 2.分析示范裁剪女西服的操作，分析相关标记的重要性等 3.分析讲解工艺流程，分析重点部位、难点部位 4.依据写出的女西服工艺流程示范辅导缝制女西服 5.分析示范熨烫手法以及操作要领 6.依据质量要求分析评判女西服成品 | |

**（四）课程实施**

**1. 教学方法**

（1）采用项目教学法，以任务驱动型项目组织实施教学，加强学生实际操作能力的培养，坚持理实一体化基本教学原则，实行现场教学，融理论于实践教学中，达到提高课堂效率的目的。借助实物成衣或零部件观察，培养学生的学习兴趣，调动学生学习的积极性和主动性。

（2）教学中要以学生自我训练为主，教师示范为辅。采取学生小组合作做项目实施方案——工艺单，教师指导确定可行性方案，按设定项目进行实践操作学习；项目教学中，教师要采取巡回指导或示范讲解等互动的教学形式。

（3）在教学中，要尽可能采用实物观察、多媒体课件教学等形式，创设学习情境，强化技能训练，密切关注学生方案实施的进展情况，教师及时给予指导和信息反馈。

（4）教学中始终贯彻"做中学、做中教"的教学原则，加强以爱岗敬业、诚实守信为重点的职业道德教育，高度重视实践教学环节，强化学生的实践能力和职业技能培养，提高学生的实际动手能力。

**2. 教材选用**

（1）主选教材。《服装成衣工艺》，化学工业出版社出版，白爽、冯素杰主编。

（2）辅助教材。《服装制作工艺——实训手册》，中国纺织出版社出版，许涛主编。

《新编服装生产工艺学》，中国轻工业出版社出版，陈灰生、甘应进主编。

**3. 教学条件**

（1）实训设备。在教学过程中要求配备一定数量，能满足实践教学的服装设备（如高速平缝机、电脑机、包边机、钉扣机、锁眼机、蒸汽熨斗、熨烫机、裁剪制板室，媒体教学设备）。配备标准以每班30人左右为好，以保障项目教学任务的顺利完成。

（2）实训场所。为了更好地贯彻"教、学、做、评一体化"，更好实施校企合作、工学交替、顶岗实习教学模式，须有学生校内实习实训的车间，以便于理实一体化、车间课堂化的教学，让学生体验现代化的生产管理，真正提高技能操作水平。

（3）开放式教学条件。让学生走出校园，进行社会调查，了解市场行情，掌握服装制作的新工艺。与企业深层合作，实施工学交替、顶岗实习教学，利用企业资源服务工艺教学。

**4. 师资条件**

根据专业特色结合本课程特点，明确教师的职称、学历、技能、教学能力等要求，如教师达不到要求，需提出相应的解决方法。

本课程要求从事教学的教师，有较强的教学能力和实践能力、广博的理论知识，具有高等职业学校教师资格证书，有较强的动手操作能力和从事服装生产实践的经验，取得高级职业资格证书的"双师型"教师从事的教学。

**5. 教学资源开发与利用**

本课程组积极开发教学资源库和利用网络课程资源，充分利用网络信息资源和企业的资源，开发实验实训课程资源。资源内容主要包括教学大纲、多媒体课件、教学录像、教学案例、在线习题自测、样卷、实验指导、推荐参考书及参考文献等，实施在线资源共享，供学生学，教师教，为师生提供现代化的便捷实用的网络学习平台。

**（五）教学评价、考核要求**

依据"过程考核与目标考核并重、教师评价与学生自评互评相结合"的原则，鼓励学生相互讨论所学内容，探讨新知识，激发学生的学习兴趣。培养学生自主学习的能力。考核最终成绩由三个方面构成：基本知识掌握和平时的表现情况占10%；项目作品完成的质量占20%；上机操作考核占70%（表5-12）。

表 5-12　课程评价表

| 项目评价 | | 工艺设计 | | | 过程制作 | | | 成衣展示 | | | 学习效果 | | | 总体评价 | | |
|---|---|---|---|---|---|---|---|---|---|---|---|---|---|---|---|---|
| | | 优 | 良 | 合格 | 优 | 良 | 合格 | 优 | 良 | 合格 | 优 | 良 | 合格 | 优 | 良 | 合格 |
| 自我评价 | | | | | | | | | | | | | | | | |
| 同学评价 | 1组 | | | | | | | | | | | | | | | |
| | 2组 | | | | | | | | | | | | | | | |
| | 3组 | | | | | | | | | | | | | | | |
| | 4组 | | | | | | | | | | | | | | | |
| | 5组 | | | | | | | | | | | | | | | |
| | 6组 | | | | | | | | | | | | | | | |

续表

| 项目评价 | | 工艺设计 | | | 过程制作 | | | 成衣展示 | | | 学习效果 | | | 总体评价 | | |
|---|---|---|---|---|---|---|---|---|---|---|---|---|---|---|---|---|
| | | 优 | 良 | 合格 | 优 | 良 | 合格 | 优 | 良 | 合格 | 优 | 良 | 合格 | 优 | 良 | 合格 |
| 教师评价 | 1组 | | | | | | | | | | | | | | | |
| | 2组 | | | | | | | | | | | | | | | |
| | 3组 | | | | | | | | | | | | | | | |
| | 4组 | | | | | | | | | | | | | | | |
| | 5组 | | | | | | | | | | | | | | | |
| | 6组 | | | | | | | | | | | | | | | |

评价过程中应注意考虑学生的资质及原有知识、技能水平，以建立学生兴趣与信心；评价未通过的学生，教师应分析其原因，适时给予教学补救；对于资质优异或能力强的学生可增加学习项目，以充分发挥学生的潜质。

## 四、服装立体裁剪课程标准

### （一）课程定位与设计

#### 1. 课程定位

服装立体裁剪是一门实践性与动手性较强的课程，广泛应用于服装设计、服装制板、服装裁剪等多项领域中，是一门集设计性、技术性、综合性、实用性于一身的特色课程。本课程服务于高职服装人才培养目标，注重基本原理、基本方法、基本技能的教学原则，力求反映现代服装教学理念，以培养"应用型、技能型、复合型"人才为主线。

本课程的前导课程有服装设计、服装工艺基础、服装效果图、服装结构设计，后续课程有服装工业制板毕业设计及企业生产性实训、顶岗实习等环节，起着承上启下的重要作用。

#### 2. 课程设计

课程设计的理念。以"校企合作，工学结合"为切入点，以职业能力培养为重点，以岗位工作任务为依据，采用企业真实项目，整合教学内容。以校企合作为平台，创新教学方法与手段。课程的整个教学过程体现"教、学、做"一体化。通过完整的工作过程的学习，使学生获得综合职业能力，能够为学生进入企业设计工作室从事高级时装设计与个性化定制服务打下基础。

课程设计思路。充分调研行业、企业，与企业技术人员共同找出企业工作岗位对员工的主要岗位能力要求，然后进行归纳、整合，选用典型产品为载体，基于工作过程并融职业技能鉴定为一体。以"源于企业的工作任务"和"基于工作过程的岗位技能要求"为标准进行课程设计，实现知识的重构。设置专业学习领域，以工作过程为导向，以工作任务为驱动，设计真实的学习性工作任务并以此为教学载体实施教学，实行学校、企业双方评价。

## （二）课程目标

通过任务引领的项目教学活动，使学生掌握服装立体造型的基本方法，提高对服装结构的领悟能力和造型能力，掌握立体裁剪技术，提高学生对服装成衣的整体设计与制作能力，同时在平时的练习中训练学生精细的工作态度，严谨的工作作风，并在课堂知识的基础上训练学生的创新与设计能力。

### 1. 技术知识目标

（1）了解服装立体裁剪的文化起源和发展。

（2）了解服装立体裁剪的特点及应用范围。

（3）理解服装结构与人体的关系。

（4）理解不同服装面料特性与结构设计的关系。

（5）理解平面结构设计与立体结构设计的关系。

（6）理解衣身省道转移原理。

（7）掌握立裁的基本针法。

（8）掌握服装结构设计的基本原理和服装立体裁剪的操作技术。

（9）掌握衣身、衣袖、衣领、裙装的立裁操作方法。

（10）掌握服装立裁各种装饰的表现手法。

### 2. 职业能力目标

（1）能准确粘贴人台标志线。

（2）会制作人台手臂模型。

（3）能熟练利用立裁技术进行成衣造型设计与样板制作。

（4）能利用立裁艺术技巧进行创意礼服的造型设计与样板制作。

（5）能提高艺术服装的创作能力及审美能力。

**3. 职业素质目标**

（1）获得深厚的服装立裁专业理论知识和较强的设计理念。

（2）提高团队协作能力。

（3）提高设计创新能力。

（4）养成良好的职业道德，遵守行业规范。

（5）养成善于动脑、勤于思考，及时发现问题、分析问题、解决问题的学习习惯。

### （三）课程内容及教学要求

（1）内容选取。根据基于工作过程的课程开发思路，本课程针对职业岗位能力要求，综合考虑本地经济状况、企业实际案例、岗位需求和前后续课程的衔接、学校的教学软硬件条件，从工学结合的角度出发，以职业能力为主线，精选企业真实的典型产品为载体，按照企业工作过程来序化知识，与企业专家一起选取教学内容，对课程内容进行重构和重组。

（2）内容组织。按企业工作的实际过程，把教学内容循序渐进地进行重新组织，将企业立体裁剪工作岗位中的典型工作任务目标转化为4大项目（时装裙的立体裁剪、春夏时尚女上衣的立体裁剪、时尚连衣裙的立体裁剪、创意晚礼服的立体裁剪），12项学习性工作任务，充分体现职业性、实践性和开放性的特点。

教学内容都是来自企业实际生产的裙装、衬衫等典型款式的生产过程，课程内容还将随着企业的发展和需求进行不断地更新和完善，保证教学内容的先进性、完整性和适应性。

通过企业调研、校企合作，获得大量的服装款式的立体裁剪案例，通过与合作服装企业技术人员一起研讨，将企业真实的产品生产过程进行整合、归纳后，作为本课程学习项目，构建服装立体裁剪课程的教学内容，每一个任务都是一个完整的工作过程。

同时，本课程内容与国家和社会劳动保障部组织的服装制板师资格考核（高级立体裁剪部分）吻合，学完本课程加上其他课程经验的积累学生可取得中、高级制板师资格证书，将来能在服装设计工作室、礼服公司、高级时装定制公司担任服装立裁制板师或样衣工。

课程整体内容见表5-13，课程具体内容与教学要求见表5-14，能力训练项目设计见表5-15。

表 5-13 课程整体内容

| 序号 | 项目一 | 项目二 | 项目三 | 项目四 |
|---|---|---|---|---|
| 教学项目名称 | 时装裙的立体裁剪 | 春夏时尚女上衣的立体裁剪 | 时尚连衣裙的立体裁剪 | 创意晚礼服的立体裁剪 |
| 学时分配 | 10 | 14 | 20 | 28 |
| 学时合计：72学时（其中实践教学学时比例为58％） | | | 理论学时 | 30 |
| | | | 实践学时 | 42 |

表 5-14 课程具体内容与教学要求

| 教学项目名称 | 典型工作任务 | 教学要求 | | 参考学时 |
|---|---|---|---|---|
| | | 知识内容及要求 | 能力内容及要求 | |
| 项目1 时装裙的立体裁剪 | 任务1 时装裙的款式分析 | 1. 理解效果图、款式图 2. 了解分析时装裙的款式设计特点 | 能根据效果图、款式图分析款式特点，把握造型要点 | 2 |
| | 任务2 时装裙的人台及坯布准备 | 1. 掌握人台标志线的粘贴方法 2. 掌握根据款式进行布料准备的方法 | 1. 能根据款式特点进行人台标志线的粘贴 2. 能根据款式需要准备布料 | 2 |
| | 任务3 时装裙的立裁别样 | 1. 解人体结构 2. 掌握腰省位置、大小、方向的设定方法 3. 了解省量与裙摆的转化关系 | 1. 会立裁的别针方法 2. 能将裙装省道转移 3. 能将裙装整体结构进行协调、平衡 | 2 |
| | 任务4 时装裙的制作样板 | 掌握立体造型与结构样板之间的关系 | 能运用平面知识完成样板的调整与处理 | 4 |
| 项目2 春夏时尚女上衣的立体裁剪 | 任务1 春夏时尚女上衣的款式分析 | 能根据效果图、款式图分析款式特点，把握造型要点 | 能根据效果图、款式图分析款式特点，把握造型要点 | 2 |
| | 任务2 春夏时尚女上衣的人台及坯布准备 | 1. 能根据款式特点进行人台标志线的粘贴 2. 能根据款式需要准备布料 | 1. 能根据款式特点进行人台标志线的粘贴 2. 能根据款式需要准备布料 | 3 |

| 教学项目名称 | 典型工作任务 | 教学要求 | | 参考学时 |
|---|---|---|---|---|
| | | 知识内容及要求 | 能力内容及要求 | |
| 项目2 春夏时尚女上衣的立体裁剪 | 任务3 春夏时尚女上衣的立裁别样 | 1. 了解女上衣胸部结构变化 2. 掌握上衣省道、胸部褶皱的处理方法 3. 掌握各部位、部件的立体裁剪方法 | 1. 会分配放松量 2. 能将上衣进行省道、褶裥处理 3. 能对衣身、衣领、衣袖等部位结构进行综合分析，将女上衣整体结构进行协调、平衡 | 3 |
| | 任务4 春夏时尚女上衣的制作样板 | 掌握立体造型与结构样板之间的关系 | 能运用平面知识完成样板的调整与处理 | 6 |
| 项目3 时尚连衣裙的立体裁剪 | 任务1 时尚连衣裙的款式分析 | 1. 理解效果图、款式图 2. 了解分析小礼服的款式设计特点 | 能根据效果图、款式图分析款式特点，把握造型要点 | 4 |
| | 任务2 时尚连衣裙的人台及坯布准备 | 1. 掌握人台标志线的粘贴方法 2. 掌握根据款式进行布料准备的方法 | 1. 能根据款式特点进行人台标志线的粘贴 2. 能根据款式需要准备布料 | 4 |
| | 任务3 时尚连衣裙的立裁别样 | 1. 掌握小礼服上部和下部的比例与组合关系 2. 提高对整体服装把握的能力 | 1. 会立体裁剪的分割、皱褶、组合等综合造型手法 2. 掌握假缝试穿后的整体调整技术 | 4 |
| | 任务4 时尚连衣裙的制作样板 | 掌握立体造型与结构样板之间的关系 | 能运用平面知识完成样板的调整与处理 | 8 |
| 项目4 创意晚礼服的立体裁剪 | 任务1 创意晚礼服的款式分析 | 1. 理解效果图、款式图 2. 了解分析晚礼服的款式设计特点 | 能根据效果图、款式图分析款式特点，把握造型要点 | 4 |
| | 任务2 创意晚礼服的人台及坯布准备 | 1. 掌握人台标志线的粘贴方法 2. 掌握根据款式进行布料准备的方法 | 1. 能根据款式特点进行人台标志线的粘贴 2. 能根据款式需要准备布料 | 4 |
| | 任务3 创意晚礼服的立裁别样 | 1. 掌握服装立体造型的艺术手法 2. 运用立体裁剪综合技术进行创意设计 | 1. 会立体裁剪的分割、皱褶、组合等综合造型手法 2. 掌握假缝试穿后的整体调整技术 | 6 |
| | 任务4 创意晚礼服的制作样板 | 掌握立体造型与结构样板之间的关系 | 能运用平面知识完成样板的调整与处理 | 14 |

表 5-15　能力训练项目设计

| 编号 | 能力训练项目名称 | 子项目编号、名称 | 能力目标 | 知识目标 | 训练方式、手段及步骤 | 学时分配 |
|---|---|---|---|---|---|---|
| 1 | 时装裙的立体裁剪 | 1. 时装裙的款式分析 | 能根据效果图、款式图分析款式特点，把握造型要点 | 1. 理解效果图、款式图<br>2. 了解分析时装裙的款式设计特点 | 1. 进行市场调研或网上资料查找，确定款式<br>2. 教师指导下进行款式分析，把握造型要点<br>3. 教师指导下完成时装裙的立裁别样与样板制作 | 10 |
| | | 2. 时装裙的人台及坯布准备 | 1. 能根据款式特点进行人台标志线的粘贴<br>2. 能根据款式需要准备布料 | 1. 掌握人台标志线的粘贴方法<br>2. 掌握根据款式进行布料准备的方法 | | |
| | | 3. 时装裙的立裁别样 | 1. 会立裁的别针方法<br>2. 能将裙装省道转移<br>3. 能将裙装整体结构进行协调、平衡 | 1. 了解人体结构<br>2. 掌握腰省位置、大小、方向的设定方法<br>3. 了解省量与裙摆的转化关系 | | |
| | | 4. 时装裙的制作样板 | 能运用平面知识完成样板的调整与处理 | 掌握立体造型与结构样板之间的关系 | | |
| 2 | 春夏时尚女上衣的立体裁剪 | 1. 春夏时尚女上衣的款式分析 | 能根据效果图、款式图分析款式特点，把握造型要点 | 1. 理解效果图、款式图<br>2. 了解分析女上衣的款式设计特点 | 1. 进行市场调研或网上资料查找，确定款式<br>2. 教师指导下进行款式分析，把握造型要点<br>3. 独立完成春夏时尚女上衣的立裁制作<br>4. 师生共同点评作品 | 14 |
| | | 2. 春夏时尚女上衣的人台及坯布准备 | 1. 能根据款式特点进行人台标志线的粘贴<br>2. 能根据款式需要准备布料 | 1. 掌握人台标志线的粘贴方法<br>2. 掌握衣身造型中理顺布料的方法 | | |
| | | 3. 春夏时尚女上衣的立裁别样 | 1. 会分配放松量<br>2. 能将上衣进行省道、褶裥处理<br>3. 能对衣身、衣领、衣袖等部位结构进行综合分析，将女上衣整体结构进行协调、平衡 | 1. 了解女上衣胸部结构变化<br>2. 掌握上衣省道、胸部褶皱的处理方法<br>3. 掌握各部位、部件的立体裁剪方法 | | |
| | | 4. 春夏时尚女上衣的制作样板 | 能运用平面知识完成样板的调整与处理 | 掌握立体造型与结构样板之间的关系 | | |

续表

| 编号 | 能力训练项目名称 | 子项目编号、名称 | 能力目标 | 知识目标 | 训练方式、手段及步骤 | 学时分配 |
|---|---|---|---|---|---|---|
| 3 | 时尚连衣裙的立体裁剪 | 1. 时尚连衣裙的款式分析 | 能根据效果图、款式图分析款式特点，把握造型要点 | 1. 理解效果图、款式图<br>2. 了解分析小礼服的款式设计特点 | 1. 去企业参观或上网资料查找，形成款式设计<br>2. 独立完成款式分析<br>3. 完成小礼服制作<br>4. 企业专家对作品点评 | 20 |
| | | 2. 时尚连衣裙的人台及坯布准备 | 1. 能根据款式特点进行人台标志线的粘贴<br>2. 能根据款式需要准备布料 | 1. 掌握人台标志线的粘贴方法<br>2. 掌握根据款式进行布料准备的方法 | | |
| | | 3. 时尚连衣裙的立裁别样 | 1. 会立体裁剪的分割、皱褶、组合等综合造型手法<br>2. 掌握假缝试穿后的整体调整技术 | 1. 掌握小礼服上部和下部的比例与组合关系<br>2. 提高对整体服装把握的能力 | | |
| | | 4. 时尚连衣裙的制作样板 | 能运用平面知识完成样板的调整与处理 | 掌握立体造型与结构样板之间的关系 | | |
| 4 | 创意晚礼服的立体裁剪 | 1. 创意晚礼服的款式分析 | 能根据效果图、款式图分析款式特点，把握造型要点 | 1. 理解效果图、款式图<br>2. 了解分析晚礼服的款式设计特点 | 1. 上网资料查找，完成款式设计<br>2. 款式分析<br>3. 晚礼服制作训练<br>4. 企业专家与师生共同点评作品 | 28 |
| | | 2. 创意晚礼服的人台及坯布准备 | 1. 能根据款式特点进行人台标志线的粘贴<br>2. 能根据款式需要准备布料。 | 1. 掌握人台标志线的粘贴方法<br>2. 掌握根据款式进行布料准备的方法 | | |
| | | 3. 创意晚礼服的立裁别样 | 1. 会立体裁剪的分割、皱褶、组合等综合造型手法<br>2. 掌握假缝试穿后的整体调整技术 | 1. 掌握服装立体造型的艺术手法<br>2. 运用立体裁剪综合技术进行创意设计 | | |
| | | 4. 创意晚礼服的制作样板 | 能运用平面知识完成样板的调整与处理 | 掌握立体造型与结构样板之间的关系 | | |

**(四) 课程实施**

**1. 教学方法**

（1）课堂讲授。首先明确每堂课的知识要点，提出问题，启发学生的想象能力，然后结合事先制作的"电子课件"，对授课内容逐一讲授，力求使教学内容直观易懂。

（2）课堂示范。一种形式的设计，可以有多个方案，教师的课堂示范，在加深学生对课堂讲授的理解的同时，能充分激发学生的想象能力和创造能力。

（3）课堂练习辅导。需要学生掌握的知识，除了课堂上"听"和"看"老师示范外，更重要的是注重"动手能力"，在老师的辅导下进行练习，是提高动手能力的有效方法。

（4）案例教学。通过欣赏经典的、优秀的设计作品，扩大学生的视野。

（5）市场调查与企业实习。市场一线调查，企业生产实践，加强了学生的实际动手能力与制作能力。

**2. 学习方法**

建议采用探究型学习、自主性学习、小组合作学习等。

**3. 教材编写选用**

（1）教材选用。《立体裁剪》，高等教育出版社出版，魏静主编。

（2）教材编写建议。

①教材应充分体现任务引领实践导向的课程设计思想，以工作任务为主线设计教材结构。

②教材在内容上应简洁实用，还应把立体裁剪的新知识、新技术、新方法融入教材，顺应岗位需要。

③教材应以学生为本，文字通俗、表达简练，内容展现应图文并茂，图例与案例应引起学生的兴趣，重在提高学生学习的主动性和积极性。

④教材中注重实践内容的可操作性，强调在操作中理解与应用理论。

**4. 教学资源开发与利用**

（1）常用课程资源的开发和利用。挂图、幻灯片、投影、录像、多媒体课件等资源有利于创设形象生动的学习环境，激发学生的学习兴趣，促进学生对知识的理解和掌握。建议加强常用课程资源的开发，建立多媒体课程资源的数据库，努力实现跨学校的多媒体资源共享。

（2）积极开发和利用网络课程资源。充分利用网络资源、教育网站等信息资源，使教学媒体从单一媒体向多媒体转变；使教学活动从信息的单向传递向双向交换转变；使学生从单独学习向合作学习转变。

（3）产学合作开发实验实训课程资源。充分利用本行业典型的生产企业的资源，加强产学合作，建立实习实训基地，满足学生的实习实训，在此过程中进行实验实训课程资源的开发。

（4）建立开放式实验实训中心。建立开放式实验实训中心，使之具备职业技能证书考证、实验实训、现场教学的功能，将教学与培训合一，教学与实训合一，满足学生综合职业能力培养的要求。

**5. 教学条件**

校内教室及实训基地配置要满足项目课程教学的需要，实训设备与学生数相匹配，实训室的设计既要体现企业现场情境，又要考虑教学功能的实际需要。

基本功能配置：制图打板台、裁剪台、标准立裁人台、高速工业缝纫机、高速四线包边车、熨烫和后整理设备。

**6. 师资条件**

本课程专任教师在职称结构、年龄结构、学员结构等方面要合理。专任教师所学专业知识覆盖范围要广，包括服装设计、服装工程、服装营销。

教学中应鼓励专任教师到企业兼职，教师与服装企业保持密切联系，加大双师型教师比例。同时，本课程注重引进企业设计师和工程师，充实教师队伍，他们不仅要在服装企业有较高的威望，同时还要有较强的教学能力，结合企业运行模式，将新技术、新理念注入服装立体裁剪课程的实训教学环节中。

**（五）教学评价、考核要求**

（1）突出项目制作过程的评价，使学生在课堂就有独立进行生产性实训的机会，在立体裁剪项目工作中出现的困难和问题可以自己克服、处理。加强实践性教学环节的考核，并注重平时积分，平时成绩占总成绩的20%，其中包括考勤占10%，学习态度占10%（表5-16）。

表 5-16  教学评价、考核要求表

| 序号 | 工作任务项目 | 评价标准 | 评价分值 | |
|------|--------------|----------|----------|----|
| 1 | 时装裙的立体裁剪 | 对时装裙特点的准确把握 | 5 | 16 |
| | | 对裙子褶皱的应用及处理，褶皱的艺术表现技巧 | 6 | |
| | | 整体感强，有一定的美感 | 5 | |
| 2 | 春夏时尚女上衣的立体裁剪 | 对时尚上衣特点的准确把握 | 5 | 22 |
| | | 会服装省道转移 | 6 | |
| | | 会服装结构分割立体裁剪技能 | 6 | |
| | | 整体感强，有一定的美感 | 5 | |
| 3 | 时尚连衣裙的立体裁剪 | 对时尚连衣裙特点的准确把握 | 10 | 28 |
| | | 服装细部合理，结构完整 | 8 | |
| | | 艺术造型手法运用较得当，立体效果较明显，有一定的美感 | 10 | |
| 4 | 创意晚礼服的立体裁剪 | 对晚礼服特点的准确把握 | 6 | 34 |
| | | 对立体裁剪艺术表现手法的灵活运用 | 12 | |
| | | 立体效果明显，有很强的美感和视觉冲击力 | 10 | |
| | | 对服装的创新能力 | 6 | |

（2）强调项目成果评价，占总成绩的 80%，项目成果的评价由企业专家与教师共同完成，注重项目成果的实用性。

# 第六章　职业素养培养模式

教育部《关于全面提高高等职业教育教学质量的若干意见》曾明确指出，"要高度重视学生的职业道德教育和法制教育，重视培养学生的诚信品质、敬业精神和责任意识、遵纪守法意识，培养出一批高素质的技能型人才"。这给当前高职院校创新人才培养模式，加强大学生职业素养教育，提升专业建设内涵指明了方向。

## 一、职业素养的内涵界定

目前，国内学者对职业素养的内涵理解较多，尚未形成统一认识。综合各种研究看来，职业素养应主要包括职业意识、职业道德、职业行为习惯和职业技能四个方面。

其中，职业技能由于具有显著的专业或职业特点，因此，职业素养具有明显的特殊要求及专业指向。职业道德、职业意识、职业行为习惯属于职业基本素养范畴，主要体现在敬业精神、诚信品质、责任意识、团队意识、沟通能力、学习能力、进取心、吃苦耐劳等方面，具有一定的普适性。

在职业素养四个方面中，职业道德是基石，是人才得以健康成长的最基本要素；职业意识、职业技能和职业行为习惯均建立在职业道德良好的基础之上。如果失去这一基石，人才培养将无法稳定地向上发展。在其余三个要素中，职业意识的培养相对较为简单，学生应该在进入学校的最初阶段就受到职业意识方面的训练，带着这种意识进入职业技能的培训。职业技能是院校培养学生的重点，占用最大部分的学习时间，学生接受职业技能培训的同时，职业道德和职业意识也得到强化。当所有的职业道德、职业意识、职业技能融会贯通，成为一种自然的职业行为习惯，那么，这名学生已经成为合格的高素质技能型人才和真正的职业人。

职业素养的培养不是仅仅通过开设一两门培训课程、举办一两次讲座或者举行一两次素质拓展活动就能一蹴而就的事情，应主动站在职业教育和终身教育相衔接的高度，将职业素养、职业核心能力的培养纳入到人才培养模式创新，融入到课程教学和教育管理中，才能潜移默化培养学生不断形成正确的职业意识、基本的职业规范、良好的文化底蕴、高尚的人格情操和活跃的创新思维，真正达到培养高素质技术技能型人才的目标。

### 二、高职服装设计专业学生应具有的职业素养

人才培养模式是全面提高人才培养质量的顶层设计。在通过行业企业调研、企业技术专家访谈和优秀毕业生跟踪回访，进行就业岗位分析和核心岗位职业能力分析的基础上，结合企业需要与学生需求，梳理归纳出高职院校服装设计专业核心岗位职业活动所要求的职业素养及所包含的特定培养要素（图6-1），并以此作为服装设计专业人才培养模式创新、专业建设、课程体系改革的重要依据以及职业素养培养模式构建实施的可靠基础。

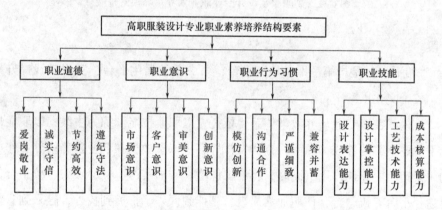

图6-1　高职服装设计专业职业素养培养结构要素

### 三、高职服装设计专业学生职业素养培养模式的构建

依据职业教育与学生成长成才规律以及职业素养形成特点，把职业素养的要素、要求渗透到人才培养模式改革、课程教学和日常教育管理中，构建"三阶段四平台、渗透式协同育人"职业素养培养教育模式（图6-2）。

在该职业素养培养模式中：

"三阶段"是指职业素养培育阶段、职业素养强化阶段、职业素养提升

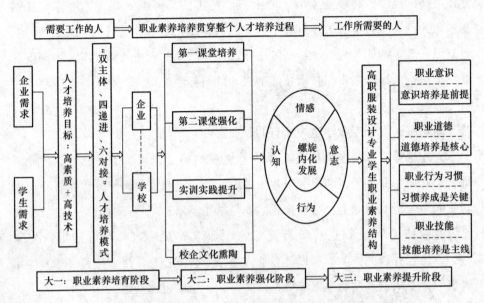

图 6-2　高职服装设计专业职业素养培养模式框架

阶段。

"四平台"是指第一课堂培养平台、第二课堂强化平台、实习实践提升平台、校企文化熏陶平台。

该模式在以专业培养教学体系为依托，以职业技能训练为主线，以职业情景下职业素养的养成为抓手，夯实发挥好第一课堂教学在职业素养培养工作中的主渠道、主阵地作用，同时，将第二课堂、实训实习、社会实践、校企合作等途径平台有机整合，使职业素质教育延伸到课外，扩展到校外，融入到日常教育管理中，贯穿于人才培养全过程，使之相互衔接，彼此延伸，互为补充，协同育人，最终通过学生不断体验感悟、总结反思、践行强化与校企文化融合熏陶，实现专业技能和职业素质均衡发展，努力把"需要工作的人"培养成"工作需要的人"，不断实现学生"德技双馨"，全面提高人才培养质量。

## 四、"三阶段四平台、渗透式协同育人"培养模式的实践

### (一) 实施"双主体、四递进、六对接"人才培养模式

为实现高职服装设计专业"识时尚、会设计、通工艺、精操作、能创新"

的人才培养目标，探索实施了基于"校企合作为平台、工学结合为手段"的"双主体、四递进、六对接"人才培养模式，修订和优化了基于职业能力与素质教育为一体，课程体系与职业资格充分对接，教学内容反映新技术、新材料、新工艺的人才培养方案，为全面达到人才培养目标奠定了坚实的顶层设计基础。

**（二）确立职业素养"三阶段递进式"培养路径**

以在校三年作为学生职业素养的三个培养阶梯，探索实践了"职业素养培育→职业素养强化→职业素养提升"三阶段递进式培养路径，实施全方位培养和全程化指导。

每一阶段都围绕着职业素养的四个方面有侧重点进行，培养学生热爱专业、学好专业的信心和勇气，帮助学生正确认识人才成长规律，全面规划人生，让"从基层做起，脚踏实地，艰苦奋斗""每天进步一点点"和"带着目标学习，带着技能就业"这些理念成为学生追求的主旋律，全过程、全方位、多角度、潜移默化地培养学生的职业素养。

**1. 职业素养培育阶段**

主要开展"走向职场教育"，即专业认知、就业形势、学风校纪等，让学生了解自己选择的专业，正确全面理解"产业、行业、企业、职业、专业、学业、就业、事业"相互间的关系，激发学习专业的兴趣和积极性，让"学专业、爱专业、服务社会"成为学生的职业理想追求，开始有意识做好职业规划，形成职业意识、职业道德，不断培养良好行为习惯，健全良好心理素质。

**2. 职业素养强化阶段**

主要开展"走进职场教育"，即职业观、就业观、创业观教育，以促进全面发展为目标，通过职业技能训练、创新创业教育和职业生涯规划设计，使职业素养不断内化于心，外化于行，形成过硬的专业技能和良好的职业素质。

**3. 职业素养提升阶段**

主要开展"纵横职场教育"，即爱岗敬业教育、就业技巧、就业政策教育等，以成人成才为目标，通过顶岗实习、毕业设计等实践教育，进一步内化职业素养，培养具有良好职业素养的职业人。

最后，可借鉴企业产品售后服务做法，对毕业生进行跟踪指导，提供1~3年的毕业后服务，其中包括：对暂时待业的学生，提供就业信息，帮助就业；帮助学生适应新岗位，完成角色转换，适应岗位要求；取得反馈信息，为评价学校的教育和就业指导效果积累资料等。

## (三) 利用"四平台"协同育人，全面提升学生职业素养

### 1. 夯实好第一课堂的主渠道和主阵地作用

以职业标准为依据，坚持理论教学、实践教学并行互动，知识、技能与职业素养培养并重，构建服装设计专业课程体系。课程体系中，专业入门课要求"会"，专业提升课要求"懂"，专业核心课要求做精、做强、做到不可替代。

专业教学中，不但要重视课堂教学方法的选择，例如，采用案例分析、课堂讨论、专题调研、课外设计实践或现场教学等方法，有意识地加入职业素养的内容，而且要重视通过引进企业真实项目，模拟职业活动，让学生在准职业情境中扮演角色。这样，一方面可以提升学生的职业技能；另一方面，通过理解认同企业的质量意识、效率意识、竞争意识、服务意识，养成严谨细致的工作作风，培养敬业精神、团队精神、责任意识和可持续发展能力。

### 2. 发挥好第二课堂"四大载体"的强化促进作用

(1) 大学生科技创新工程。发挥专业教师在大学生科技创新中的指导作用、大学生的主体作用和实习实训室的主阵地作用，在课题研究过程中，启发学生不断形成问题导向意识，激发创新潜能，培养创新思维、团结协作精神，养成严谨细致的项目组织管理能力。

(2) 服装设计工作室。通过教师服装设计工作室和济南"颖响力"服装设计创业工作室，定期举办专业沙龙，引进企业真实设计项目，培养学生市场意识与顾客意识，启发学生寻找设计之美，用全新的、富有创造力的方式完成产品的设计与制作，将设计与市场接轨，不断提高学生设计素养，培养学生创新意识和创业精神。

(3) 校内外技能大赛。本着"以赛促教、以赛促学、以赛促改"的原则，组织优秀学生参加全国服装教指委、高职高专学会、行业协会等举办的设计类大赛，使技能竞赛与培养目标结合、与国家职业标准结合、与专业教学过程结合、与就业岗位需求结合，培养学生职业资格意识、合作竞争意识和规则

意识。

（4）学生专业社团。通过培育高质量专业社团，举办丰富多彩的专业课外实践活动，让具有艺术天赋、设计天赋的学生有施展才华的空间，让其他学生获得良好的艺术设计熏陶，不但丰富了校园美育生活，而且积极推进了服装专业教育的具体化、形象化、生活化，引导学生发现美、塑造美、传播美，不断提升时尚高雅的审美情趣。

**3. 发挥好专业实习和社会实践的巩固提升作用**

加强实习实训室的 6S 管理，严格执行实训教学规范，做好专业实训实习组织管理（如认识实习、技能训练、顶岗实习、毕业设计等）。同时，可以将假期社会实践与专业教育紧密结合，如组织走进名师设计工作室、调研服装批发市场、在服装企业实践锻炼、参加服装产品展销会等活动。一方面可以帮助学生接受企业文化，培养职业意识，养成职业习惯；另一方面，可大大增强学生对本专业相关知识、技能和信息的关注度，提升专业职业意识，切身感受职业职责、制度纪律等职业规范的作用和意义，增强对职业道德的理解和认同。

**4. 搭建校企文化熏陶平台，实现校企协同育人**

（1）在青岛绮丽高级时装、香港安莉芳内衣设计、威海汇泉休闲装、鲁泰班等订单班开设企业文化等课程，定期举行企业文化、企业技术讲座。

（2）在鲁泰纺织服装研究院建立职业道德和企业文化实践基地，每年组织新生到基地参观，借鉴企业文化管理，培养学生的职业意识、职业道德。

（3）在服装实训中心建有山东省知名服装企业文化长廊，营造校企文化融合互动氛围。

（4）建立"知名校友面对面"论坛。

总之，通过搭建校企文化互动熏陶教育平台，把校园建设成"一部立体教科书"，打造立体化成才空间，不断增强学生的职业意识、职业道德，在潜移默化中内化养成学生良好的职业素养。

## 五、职业素养培养模式的创新点

（1）建构高职服装设计专业学生职业素养模型。职业素养主要包括职业意识、职业道德、职业行为习惯和职业技能四个方面。职业技能由于具有显著专业或职业特点，因此，职业素养具有明显的特殊要求及专业指向。通过梳理归纳服装设计专业岗位所包含的特定职业培养要素，进一步修订完善人才培养目标，丰富"职场化育人"理念。

（2）提出"两深入、四递进、六对接"人才培养模式。"促进企业发展和学生发展"是职业教育的宗旨，"深入了解行业需求，深入了解学生成长需求"是人才培养工作的出发点。通过"人才培养对接企业需求、课程方案对接职业标准、学历证书对接资格证书、教学过程对接工作过程、教学环境对接工作环境、职业教育对接终身学习"创新人才培养模式，提高学生就业竞争力和发展潜力。

（3）实践"三阶段、四平台、渗透式协同育人"职业素养实践培养体系。该模式着眼于职业教育和终身教育相衔接的角度，将职业素养、职业核心能力的培养融入到人才培养全过程，整合校企各方面资源，将职业素养和"创意、创新、创业"三创能力培养贯穿全过程，进一步形成校企资源共享、文化互融、人员互通关系，潜移默化培养学生不断形成正确的职业意识、基本的职业规范、良好的文化底蕴、高尚的人格情操和活跃的创新思维，实现服装设计专业人才培养目标。

# 第七章　专业教师业务基本功

　　人才培养的关键在于教师。现代服装教育对专业教师提出了新的挑战，也给教师的发展带来了新的契机。教师要承担起新时代赋予的重任，就必须不断完善自己的知识结构，多方面提高自己的综合修养和整体素质。

　　专业教师在教学中具有主导性，其知识素养和能力结构直接影响学生素质能力的高低。专业教师所应具备的业务基本功主要包括专业业务基本功和教学业务基本功两方面，加强专业教师业务基本功是提高专业课堂教学质量的前提和必要条件。这二者相辅相成，相得益彰，缺一不可。

## 一、专业业务基本功

　　（1）厚实、牢固、扎实的专业功底是搞好专业课堂教学的前提条件。教师只有拥有丰富广泛的专业知识储备，才能在课堂上游刃有余，正所谓"给学生一杯水，教师应必须有一桶水"。

　　（2）专业教师应对所教学科的专业业务知识熟悉精通。唯有这样，才能使课程讲得轻松自如；才能用简洁明了的语言，把关系复杂的问题简单化、通俗化；才能变换多种方法来讲解同一问题等。否则，只能照本宣科，做书本的奴隶。

　　（3）专业教师的知识能力结构要能适应职业教育的教学特点。能较好地从职业定位目标和人才培养规格出发，组织专业教学，同时能主动适应专业学科科技发展的需要，不断掌握了解专业新知识、新技术、新工艺和新设备，根据实际教学需要扩大自己的知识面，努力掌握专业教学上的主动权。

　　（4）专业教师应努力成为"双师型"教师。这一点对于职业院校的专业教学相对重要。如果专业教师不能经常广泛地深入生产实践，没有较强的实际动手能力，没有较强的解决实际问题的能力，怎么能培养出具有一定理论知识，又具有较高实际动手操作能力的合格学生呢？

## 二、教学业务基本功

俄国教育家乌申斯基曾说，"教育不是一门科学，而是一门艺术，是一切艺术中最广泛、最复杂、最崇高和最必要的艺术"。专业教师毕竟不同于工厂中的专业工程技术人员，其除了具备专业业务基本功外，还应具备教学业务基本功。从某种意义上讲，后者较前者显得更为重要。

### （一）要懂得教育学和教育心理学的基本理论

教学是教师的主要职责，给予学生一门喜爱的课堂是每位教师的本职。教学是一门科学，也是一门艺术，融科学性和艺术性于一体。只有遵循教学规律，依据教学原则，恰当运用语言、动作、表情及各种教学手段，创造性地将知识传播与审美教育融合起来，提高教育内容的"情感力"，才能抓住学生心理，吸引学生注意力，不断调动学习兴趣，激发学习积极性，提高教学效果。主动地学习教育理论并自觉加以合理运用，来指导专业教学实践是非常必要的。

### （二）加强备课基本功

备好课是教好课的前提，是充分发挥教师主导作用的保证。备课是一项艰苦的创造性劳动。作为专业教师应具有把生课讲熟，把"熟课"当成"生课"讲的认真态度。同时专业教师还要把教会学生自己去获得知识看得比单纯传授知识更重要，应该让备课产生出"磁性效应"，使学生们像观看一部引人入胜的影视片那样津津有味地参与到课堂教学的全过程中来。

备课包括钻研教材、了解学生和设计教法三方面。

#### 1.注重钻研教材

钻研教材就是钻研课程标准、教材和相关资料。首先，应通读教材，了解教材体系的安排，掌握它的内在联系，研究它的科学性、系统性，以便向学生传授规律性知识。其次，应根据教材内容的不同属性特点，将基础知识和基本技能进行初步分类排队，将知识技能划分为了解、理解、掌握和熟练掌握等不同层次，进而确定整个教材的重点、难点和关键所在。最后，研究教材的深度和广度，明确哪些内容需要加以补充，哪些内容需要进一步扩充，哪些内容需要进一步探讨加深理解等。只有通过对教材的深入消化理解处理，才能写出一份针对性较强的教案。对于教材的正确态度应该是既紧扣而又不照本宣科。同时，还应为学生列出必要的参考书目，让他们多到图书馆查阅资料，不断培养他们的自学能力。

**2. 深入了解学生**

专业教师备课时不但要了解学生原有的知识、技能基础；了解学生的需要和思想状况；了解学生的学习方法和学习习惯，而且还要了解学生对于本专业、本学科的目的、态度和兴趣，目的在于因材施教。这对于搞好专业学科教学非常重要。

**3. 设计恰当的教法**

教师是课堂的参与者，也是课堂的调控者和导演者，更是一堂课的灵魂，学生的学习兴趣和求知欲望往往来自教师严谨而周密的教学构思。设计教法就是要考虑如何有效地将知识传授给学生，将枯燥的书面教材变成学生可以接受的口头教材。要特别注意考虑如何运用启发式教学、案例式教学、项目式教学、情景式教学等方法开展教学互动，充分发挥教师的主导性和学生的主体性。

**（三）不断提高讲课基本功**

这里所讨论的讲课基本功主要包括语言基本功、板书基本功以及使用现代教育手段的基本能力。

**1. 语言基本功**

教师的语言在整个教学过程中是最主要、最经常和最难使用的一种教学手段。用词准确、规范，符合逻辑性和科学性，是对教学语言的基本要求。教师首先要善于巧妙地运用语言的艺术，讲究语调的高低强弱、抑扬顿挫，语句的速度、间隔和学生的心理节奏相适应；同时语言需要新鲜活泼，既要有时代感又要有幽默感，努力创设一个愉快轻松的教学情景和氛围，使学生容易理解教师所讲授的内容，记忆深刻并且不易忘记。而且还应注意学会所教学科的"教学语言"。这一点对学生理解所学专业知识影响极大。

专业教师要学会使用"专业教学语言"可以从以下三方面入手：

（1）深入钻研熟悉教材。

（2）要注意学习新知识。科学技术的飞速发展必然使表达专业学科内容的语言不断得到丰富发展，因此，专业教师要注意学习有关专业期刊和专业书籍。

（3）要熟悉所教专业学科的语言特色。

**2. 板书基本功**

板书设计是课堂教学中的另一个重要手段，是师生相互交流教学信息的一种传导方式。优秀的板书，既能使知识概括化、系统化，体现教学意图，落实教学原则；又能理清一堂课的脉络，便于提纲挈领；更能突出重点，深化教学内容，强化直观效果，加深学生的理解记忆。良好的板书设计与严谨规范而又不失幽默诙谐的口头讲述密切配合，就会相得益彰，使课堂教学增色生辉。

**3. 不断提高对现代教学手段的基本运用能力**

"互联网+"时代，正以信息技术为支撑的微课、慕课、翻转课堂等多种教学方式迅猛发展，多媒体教学获得了比过去更加广泛的应用。线上、线下混合教学的常态化已经成为目前职业院校信息化教学改革的重要任务。传统的教学模式将会打破，学习过程将会更加多样化、社会化和主体化，教学过程更加主体，这一切都迫切需要专业教师自觉进一步深化多媒体教学的认识，明确其优势和缺憾，不断做好对学习资源的设计，学会更好地设计、制作并合理使用多媒体课件，优化教学手段，改进教学模式，不断提高教学效率和课堂教学效果。

**4. 具有良好的教风和高尚的师德**

教风主要指教学作风，它应该是严谨的，应视其为一件非常严肃的事情。同时，专业教师还应该注意自身的形象和职业道德修养。完美的教师人格形象，不但包括一个人外在的气质、服饰、言谈和举止，更重要的是内在的思想政治品质、道德情操、业务修养和审美素质等。作为教师要处处事事时时为人师表，慎其所习，修身洁行，并不断自觉地加强师德修养。

## 三、加强教师业务基本功的主要方式和途径

（1）鼓励专业教师多参加一些培训班、学术研讨班，或有针对性地进行专业学历再提高，丰富专业知识面和能力。

（2）充分利用专业阅览室的作用，倡导读书活动，借助专业科技期刊和计算机网络，不断补充丰富专业新知识。

（3）通过定期举办各种专业新知识、新技术讲座，或聘请校外专家教授、工程技术人员来学校讲学，营造教研学术氛围。

（4）鼓励专业教师多下厂实习参观，或与厂方共同研发课题，或采取参加技能考核等形式，努力提高专业教师的实践能力，努力造就"双师型"教师。

（5）倡导同专业教师集体备课，共同探讨，相互取长补短，有助于深入研究教材和教法，提高专业教学效果。

（6）在用活用好已有专业教材的基础上，倡导专业教师能及时根据实际教学需要自行编写教材和讲义。

（7）通过有丰富教学经验和很高学术水平的专业老教师的"传、帮、带"，不断提高青年专业教师的业务基本功。

（8）鼓励倡导专业教师多接触学习运用多媒体教学手段，提高专业教师使用现代教学手段的能力，将互联网与服装设计相结合，激发学生学习热情，提高教学效果。

专业教学是一门复杂的劳动，也是一门高超的艺术。专业教师的举止、言谈、态度、作风以及知识能力素养等都能渗透到专业课堂教学的整个过程中，并给学生以深远的影响。当意识到自己正在见证和帮助一个个年轻的学生成长和发展时，作为一名教师的使命感、责任感和自豪感就会越发强烈。作为教师，只有全身心地投入这份工作，才有可能被学生尊重。

当然，教学艺术和业务基本功的形成不能一蹴而就。只要专业教师用心投入，倾情教育，注重不断加强探索总结学习教学的技巧和艺术，不断更新自己的专业业务知识和能力，才能深深品味身为教师的职业幸福感和满足感，一定能取得更好的专业教学效果。

# 第八章　专业改革建设成果与展望

济南工程职业技术学院服装设计专业通过五年多的改革与建设，学生的就业竞争力和发展潜力得到了全面提升，人才培养质量显著提高。

## 一、改革成效

### (一) 学生职业能力增强，毕业生就业质量高

从近三届毕业生跟踪回访看，毕业生一次性就业率连续达100%，专业对口率为90%以上，用人单位满意度达95%以上，2016届毕业生较2015届3000元以上薪酬比例增加30%以上。大量毕业生在鲁泰、舒朗、绮丽、安莉芳等知名上市服装公司就业，不少学生已成为企业的设计技术骨干。学校也因此荣获"山东省服装行业技能人才培养突出贡献奖""济南市职业教育服务地方经济贡献奖"等称号。

用人单位普遍认为毕业生要有较强的实际操作和运用能力，良好的环境适应能力、协作能力、务实精神和谦虚态度，能吃苦耐劳，做事扎实肯干，能很快地适应工作要求，体现出"综合素质高，动手能力强，岗位适应快"特点。

### (二) 学生创新意识、创业能力显著增强

在全国服装创意设计大赛、全省高职院校职业技能大赛、齐鲁大学生服装设计大赛、技能兴鲁职业技能大赛、青年创业大赛等省级以上各类专业大赛中，共计30余人次获奖，其中，获得全国一等奖1项、全省一等奖4项、二等奖6项、三等奖15项。学生双证书获取率达98%以上。2013级服装设计专业学生徐颖在校成立"颖响力服装设计工作室"，并获济南市青年创业大赛创意组二等奖。服装专业社团"CC服史研发社"获山东团省委"优秀社会实践团队"称号。

### (三) 社会服务能力提升，实现校企双赢发展

成立"济南纺织服装工业设计中心工程学院分中心""王金梅工作室"

"雅仕设计工作室""童装工作室",为济南市中小微服装企业进行产品设计开发。比如,与济南世嘉针织有限公司合作,联合发布了 2015 年公司春夏新产品,为济南雅仕总公司设计制作"60 岁花甲"系列马甲,为济南昊鹏服饰有限公司设计研发 2015 年童装新品,为济南欣丹侬工贸中心设计研发 26 款休闲衬衫新品,2017 年为爸爸的衬衫品牌定制研发制作了百余件样衣,现均已实现产品销售,帮助企业取得了很好的经济效益和社会效益,已经形成社会服务品牌。

**(四) 形成一批物化成果**

获省级教学成果奖 1 项、全省教育系统优秀调研成果奖 3 项、山东省高校人文社科优秀科研成果奖 2 项、山东省高校学生教育与管理工作优秀科研成果奖 1 项、全省高校思想政治教育优秀成果奖 1 项、学院教学成果奖 3 项,省市级教科研课题结项 12 项。

在《毛纺科技》《上海纺织科技》《中国成人教育》《纺织服装教育》等刊物发表相关论文 15 篇,其中全国中文核心期刊 5 篇;出版"十二五"职业教育国家级规划教材《服装结构设计》1 部。建成院级精品资源共享课 5 门、参与服装国家级教学资源库建设。服装教研室获"济南市青年文明号"称号。

山东省十佳设计师、山东省首席技师王金梅副教授被聘为山东省纺织服装职业教育专业建设指导委员会委员、山东省职业院校技能大赛(中职)服装设计与工艺赛项裁判长、全国职业院校技能大赛(中职组服装设计与工艺赛项)裁判组成员和专家组成员。

## 二、推广应用

### (一) 成果在校内应用,起到了示范带动作用

本成果在服装设计专业连续三届学生中实施,近 400 名学生直接受益,目前已在我院其他专业推广应用,年受益学生达 3200 多人。

### (二) 成果在省内外得到了推广应用

成果自推广以来,得到青岛职业技术学院、山东轻工职业学院、山东服装职业学院、山东特殊教育职业学院、山东科技职业学院、烟台工贸学校等 15

所省内外中高职院校的借鉴。

以专业建设、师资培养与学生技能大赛培训为突破口，学院对淄博淄川职教中心、山东聊城茌平中等职业学校、山东济宁嘉祥职业中等学校等进行了对口帮扶；受山东省教育厅委托，2016 年和 2017 年服装教研室 5 位教师远赴新疆疏勒县中等职业技术学校进行服装专业对口帮扶，帮助修订人才培养方案、专业标准开发、课程体系构建、专业技能大赛培训等，实现精准帮扶，为中西部职业院校服装设计专业改革与建设提供了可借鉴的经验与范式，在省内外产生重要影响。

2013~2015 年学院被教育厅确定为山东省职业院校技能大赛中职服装组大赛的命题裁判牵头学院。2014 年以来，学院被教育厅确定为"春季高考服装专业技能考试"主考院校。利用承办中职院校命题会议和春季技能考试等平台机会，对全省中职院校服装专业带队教师进行项目成果推广交流，在省内产生重要影响力。

**(三) 成果得到了社会的高度评价**

办学特色得到山东省、济南市纺织服装行业学会协会、校企合作企业和兄弟院校等领导与专家的充分肯定与认可。

## 三、改革展望

建设高水平专业是新时代高等职业院校提升办学水平、聚焦内涵发展、增强社会服务能力的战略举措，同时也是回应社会对于高标准、高质量、高水平高等职业教育资源的需求与期待。

专业建设是高等职业院校教学内涵建设的核心，以专业建设为龙头是高等职业教育的基本特征。人才培养模式改革既是高职教育领域的核心问题，也是职业教育领域的永恒主题；既具有普适性，又具有一定的针对性。

随着职业教育教学改革的不断深入发展，服装设计专业人才培养模式的改革还将继续下去，应主动站在职业教育和终身教育相衔接的高度，积极适应行业对人才需求的新变化，在互联网背景下，运用互联网思维，继续以校企合作为核心，校企双主体为平台，以工学结合为手段，以提高人才培养质量为目标，立足区域产业实际，深化专业改革发展，培养学生不断形成正确的职业意识、基本的职业规范、良好的文化底蕴、高尚的人格情操和活跃的创新思维，最终培养出更好更多适应行业企业发展需要的高素质技术技能型人才，同时在高水平服装专业集群、高端产教融合平台、高质量师资队伍等方面持续进行有益的探索与实践，全面支撑高水平高职院校建设目标，更好地服务于山东省服装产业经济的快速发展。

# 参考文献

[1] 高职高专教育人才培养模式多样化研究 ［EB/OL］. http：//xiongfaya. blog. 163. com/blog/static/36197131201032811346922/.

[2] 对工学结合人才培养模式的理论思考 ［EB/OL］. http：//www. 360doc. com/content/10/0527/15/144735_ 29804787. shtml.

[3] 对我国高职教育工学结合人才培养模式的思考 ［EB/OL］. http：// www. doc88. com/p-313748160770. html.

[4] 南京动力高等专科学校等. 高等工程专科教育培养的人才素质要求与人才培养模式的研究与改革实践 ［R］. 南京：2000.

[5] 季倩. 职业素养、职业核心能力是成就职业设计师的基石 ［J］. 创意设计源，2013 （3）.

[6] 丁金昌. 高职院校需求导向问题和改革路径 ［J］. 教育研究，2014 （3）.

[7] 江小明，高林. 高职教育课程设置原则与课程结构模式探讨 ［J］. 职业技术教育，2003，4：55-57.

[8] 潘旱霞等. 论高职服装设计专业项目课程体系的构建 ［J］. 轻纺工业与技术，2011 （2）.

[9] 于祖慧. 借鉴 CDIO 理念的高职服装专业课程整合研究 ［J］. 技术与市场，2013 （11）.